# Einheitliche Kosmologie und Geschichte der Menschheit

von Orionern, Atlantern und Cromagnon-Menschen

ein Abriss von der Entstehung der Erde bis heute

(Erstausgabe Oktober 2013)
(Vierte Fassung vom 13.11.17)

In meiner Arbeit als Druide arbeite ich eng mit einem Drachen namens Draco II. zusammen, dem Erstgeborenen von Draca und Bruder des Drak. Draco II. stammt laut eigener Auskunft in neunter Generation von Galactos, dem Stammvater aller Drachen, ab. Er ist somit ungleich älter als meine Wesenheit. Die vorliegenden Informationen aber stammen von Draca, seiner Mutter, die mich hier als Sprachrohr wählte.

Draca hatte bereits nach dem Untergang von Atlantis mit einem der dreizehn ersten Druiden, Lathba, zusammengearbeitet, einem Vorfahren des legendären Merlin. Als Draca ihre beiden Dracheneier dann in Ägypten zur Zeit der Pharaonen im Wüstensand abgelegt hatte, verließ sie unsere Sonnensystems, um sich den holonen Drachen des einstigen Dragons anzuschließen. Jetzt allerdings, da diese als Flugdrachen verstärkt auf die Erde zurückkehrten und auch die irdischen Drachen erneut erwachen, ist auch Draca wieder mitten unter uns.

Ihr Erstgeborener, Draco II., verbrachte seine Jugend bei den Essenern, einer israelitischen Sekte, mit der auch Josef, der Vater des Jesus von Nazareth, in Verbindung stand. Drak unterdessen, der Zweitgeborene Dracas, wurde von seinem irdischen Großvaterdrachen Balor VII. nach Transpluto (Nibiru) gebracht, einem kometartigen Zwergplaneten, der bis zum heutigen Tag von Reptiloiden bevölkert wird.

Merke: Weder sind alle Anunnaki (Reptiloide) böse noch alle Drachen gut!

Es gibt keinen Grund, diese Informationen anzuzweifeln. Trotz der Strenge und des ihnen eigenen Humors, über welche Drachen zweifelsfrei verfügen, sprechen sie doch immer die Wahrheit und sind als liebevolle, potente, wenn auch oftmals noch immer zumeist verkannte Helfer der Menschheit

Auch wenn die folgende Darstellung unseres Ursprungs bei einigen vielleicht auf Unglaube stößt, wird sich doch schon bald herausstellen, dass ich in in dem meisten, was ich hier behaupte, Recht behalten werde, denn die Klarheitsrate während der Übermittlungen durch Draca betrug durchweg über 90%. Die sich an die jeweiligen Übermittlungsroutinen anschließende nummerologische Einteilung mit gelegentlichen kleineren Anmerkungen und Ergänzungen stammt allerdings von mir.

**Am Anfang, als es noch nichts gab, noch nicht einmal das Chaos, existierte die Gottheit. Die Gottheit war bereits alles, obwohl es nichts gab. Der Name des Gottwesens war Urion. Es bestand aus Göttin und Gott, welche sich liebten, immer und immer wieder. So entstand der Klang und aus diesem heraus Wort und Sprache und daraus die Welt.**

1 Gottheit (= Gottwesen; Allgeist; Universum; Urion; *Spirit;* Tao; Atum)
2 Göttin (= weiblicher Aspekt des Universums; Kosmos; Ana; Äther; Schechina;)
3 Gott (= männlicher Aspekt des Universums; Weltall; All; El Chai)

Göttin und Gott sind ferner unter den Namen Tiâmat und Apsû (Sumerer) beziehungsweise Sophia und Christo (Gnostik) bekannt.

**Die immanenten Eigenschaften Urions**, waren seine **Einheit, Liebe, Energie** (ionisches Licht); **Sein** (sat); **Bewusstsein** (chit) **und Glückseligkeit** (ananda). Auch **vollkommen, barmherzig und allmächtig** ist und war das Gottwesen und wird es immer sein. Es ist **jenseits aller Worte und Beschreibungen.**

5 (-18) immanente Eigenschaften Urions
6 Einheit
7 Liebe
8 Energie (ionisches Licht)
9 Sein (Unsterblichkeit; Ewigkeit; sat)
10 Bewusstsein (chit)
11 Glückseligkeit (ananda)
12 Vollkommenheit
13 Barmherzigkeit
14 Allmächtigkeit
15 "jenseits aller Worte und Beschreibungen"

**In der ersten Nacht**, aus den Liebesspielen der Gottheit, vom Gotte gezeugt und von der Göttin empfangen und geboren, entstanden die **Elementarvölker** von den **Urgewalten, Chaosgötter und Urkräften** (Urfeuer, Eis, Runen etc.) über die **unpersönlichen Elementarwesen** (Gnome, Nixen, Sirenen und Salamander) bis hin zu den **Fabelvölkern** (Zwerge, Elfen, Feen etc.) **und Fabelwesen** (Donnervögel, Einhörner, Zentauren etc.). All diese waren die Erstgeborenen. Zu ihnen zählten auch **Oberon, Nereus, Äolus und Nagaras**, die Väter der Gnome, Nixen, Sirenen und Salamander sowie der Vater der Schamaninnen und Schamanen, der **Ur-Adler**. Ein anderes mystisches Wesen dieser Nacht war **Yggdrasil**, die Weltenesche, in der **alle Erstgeborenen** an entsprechender Stelle Platz nahmen.

18 (- 89) die Nacht der Elementarvölker und die Erstgeborenen
19  Elementarvölker
19A Urgewalten, Chaosgötter und Urkräfte
19B unpersönliche Elementarwesen
19C persönliche Elementar- und Fabelwesen

20 (undefinierbare) Urgewalten; siehe 19A

30 (- 39) Chaosgötter; siehe 19A
31 Midgardschlange, Fenriswolf und Leviathan
32 die Chaosgötter um Cthulhu
33 Khorne, Nurgle, Tzeentch und Slaanesh
   (die apokalyptischen Reiter)
35 sonstige Chaosgötter

40 (- 49) Urkräfte; siehe 19A
41 Ureis (weiblicher Pol: Dunkelheit; Kälte; Passivität...)
42 Urfeuer (männlicher Pol: Licht; Wärme;
       Schaffenskraft...)
45 Runen
46 sonstige Urkräfte

50 (- 54) Väter der unpersönlichen Elementarwesen
51 Oberon, Vater der Gnome
52 Nereus, Vater der Nereiden
53 Äolus, Vater der Sirenen
54 Nagaras (Apophis)[1], Vater der Salamander

55 (- 59) unpersönliche Elementarwesen; siehe 19B
56 Gnome
57 Nixen (Nereiden, Undinen)
58 Sirenen (Sylphen)
59 Salamander

60 (-69) persönliche Elementarwesen; siehe 19C
61 Zwerge (Schwarzelfen)
62 Elfen (Lichtelfen)
62b Elben (aus den Elfen gingen die Elben hervor)
63 Feen

---

1 in der germanischen Mythologie: Surt(ur), der Feuerriese.

64 Kobolde
65 Trolle
66 Faune
67 Satyrn, Silene und Mänaden
68 Zyklopen und Riesen
69 Sonstige

70 (-79) Fabelwesen; siehe 19C
71 Donnervögel
71b der Phönix
72 Einhörner
73 Zentauren
74 Pegasuse
75 Minotauren
76 Riesenkraken
77 Drachen

79 Sonstige

82 Yggdrasil, die Weltenesche/-eibe (Weltenbaum)
83 Uradler, der Vater aller Schamaninnen/Schamanen
84 Nidhögg, der Neiddrache

Die Drachen haben im Reich der sogenannten Fabelwesen zunächst keine besondere Stellung inne; zeichnen sich aber - ähnlich wie die Menschen im Reich der Primaten - durch eine hohe Anpassungs- und Transformationsfähigkeit aus und werden sich aber im Verlauf der Geschichte - insbesondere durch die Zerstörung Dragons (Phaetons) - zu jenen holonen Wesenheiten - und oftmals Mentoren von Druiden - entwickeln, wie wir sie heutzutage kennen.

Zugleich mit Yggdrasil entstanden die drei Welten von **Ober-, Mittel und Unterwelt.**

86 (-89) die drei Welten
87 Oberwelt (Prawi)
88 Mittelwelt (Jawi)
89 Unterwelt (Nawi)

Da Gott (Weltall) und Göttin (Kosmos) sich weiterhin liebten, gebar diese, **in der zweiten Nacht**, aus der Gottheit heraus, die vier Reiche der **Gesteine, Pflanzen, Tiere und Menschen** und setzte ihnen, da sie gebrechlicher waren als die erstgeborenen Elementarvölker, zu ihrem Schutz die **Titanen, Devas, Dschinne** und **Engel** als ihre Helfer und Berater zur Seite. Wir sprechen hierbei von den vier Reichen und Reichshüterreichen, von denen wiederum die Engel ihre eigenen Hierarchien hatten.

**90 (- 104) die Nacht der Reiche und Reichshüterreiche und die Zweitgeborenen**
91 (- 95) vier Reiche
92 Gesteinsseelen (Gesteinsseelen)
93 Pflanzenseelen (Pflanzen)
94 Tierseelen (Tiere)
95 Ahnen (Menschenseelen, Menschen)

96 (- 104) vier Reichshüterreiche
97 Titane (für die Gesteine)
98 Devas (für die Pflanzen)
99 Dschinne (für die Tiere)
100 (- 104) Engel (für die Menschen)

Engel unterstehen direkt der Zentralsonne. Im Gegensatz zu anderen Wesen verfügen sie kaum über freien Willen und daher über eine hohe Wirksamkeit und Präzision!

101 untere Engelschöre (101a-c)
101a Schutzengel
101b Erzengel
101c Archai (Fürstentümer)

102 mittlere Engelschöre (102a-c)
102a Gewalten
102b Mächte
102c Herrschaften

103 obere Engelschöre (103a-c)
103a Throne
103b Cherubime
103c Seraphime

Solange die Erde und andere Planeten noch nicht geschaffen waren, lebten die Seelen der Gesteine, Pflanzen, Tiere und Menschen, also ihre spirituellen Körper, gemeinsam mit ihren Beschützern und Mentoren, den Titanen, Devas, Dschinnen und Engeln aus den Reichshüterreichen, weiterhin in der Gottheit, aus welcher sie geboren. Alle jene wurden unter dem Namen der **Zweitgeborenen** bekannt, in welchen sich Gott fortpflanzte.

Bereits in der zweiten Nacht begann sich die Illusion einer Einteilung in ein Hierundjetzt und eine Anderswelt sowie überhaupt einer Trennung von Urion in Raum und Zeit langsam zu formen ("auszuflocken"). Wir sprechen diesbezüglich auch von **Maya und Lila,** welche ihr in den Rang von Göttinnen erhobet.

105 Hierundjetzt (Diesseits; alltägliche Wirklichkeit)
106 Anderswelt (Jenseits; nichtalltägliche Wirklichkeit)
107 Raumillusion
108 Zeitillusion
109 Maya, die Illusion der Trennung von Raum oder Zeit
109b Lila, die kosmischen Erscheinungsformen

**In der dritten Nacht** brachte die Göttin, gezeugt vom Gotte, die Stammhalter der **Naturgottheiten** hervor, welche sich mit ihren Familien im Laufe der Zeit über das gesamte Universum verteilen sollten.

Damals huldigten die Zweitgeborenen noch ihren älteren Geschwistern, den Urgewalten und Urkräften, sowie den Elementar- und Fabelwesen in Yggdrasil, die diese Zuneigung erwiderten. Dem Beispiel von Gott und Göttin folgend, liebten auch sie sich untereinander und es entstanden viele **Zwischenwesen**.

Alle aber waren miteinander in alle Ewigkeit verbunden. Wenn sich auch Trennendes abzeichnete, überwog doch die Einheit. Die reine Liebe Urions war und ist das Band. Die dritte Nacht ging vorüber, es war die Nacht der Naturgottheiten und Zwischenwesen.

110 (- 119) die Nacht der Naturgottheiten und Zwischenwesen und die Drittgeborenen
112 Naturgottheiten (Stammhalter der sieben Häuser)
113 Alte Rasa (die Nachkommen der Stammhalter)
115 Zwischenwesen (Dämonen etc.)

**Auch in der vierten Nacht** liebten sich Gott und Göttin wieder und die Göttin, als Urmutter Kosmos, identisch mit der einen Gottheit, gebar weitere Geistwesen und Gesetzmäßigkeiten kosmischer Herkunft. Sie alle sind Urion, und Urion ist in ihnen. Als Kinder dieser Nacht kennen wir **Großonkel Raum und Großtante Zeit.** Man sagt, es wären insgesamt dreizehn Geschwister, unter ihnen auch die **Nornen!** Andere sprechen von ihnen als **Dimensionen.**

120 (- 169) die Nacht der Dimensionen und die Viertgeborenen
121 (-124) Raumdimensionen (Großonkel Raum)
122 Höhe (1. Dimension)
123 Länge (2. Dimension)
124 Breite (3. Dimension)

125 (-129) Zeitdimensionen (Großtante Zeit)
126 Schwester Vergangenheit (= 4. Dimension)
127 Schwester Gegenwart (= 5. Dimension)
128 Schwester Zukunft (= 6. Dimension)

130 (-134) Parzen (= Nornen, Moiren,
    Schicksalsgöttinnen; Schicksalsdimensionen)
131 Urd (= 7. Dimension)
132 Werdandi (= 8. Dimension)
133 Skuld (= 9. Dimension)

134 (-139) sonstige Dimensionen
135 körperliche Empfindungen (= 10. Dimension)
136 Gefühle (= 11. Dimension)
137 Gedanken (= 12. Dimension)
138 ionisches Wissen (= 13. Dimension)

*Qualitäten* sind kleine Dimensionen. Speziell für die (noch immer nicht existente) Erde wurden bereits in dieser Nacht in ätherischer Form folgende "irdischen Qualitäten" angelegt: Erdkern, Magmagürtel, Grundwasser und Atmosphäre.

140 (- 144) bereits ätherisch für die Erde angelegte
    *Qualitäten*
141 Erdkern
142 Magmagürtel
143 Grundwasser
144 Atmosphäre
145 sonstige irdische *Qualitäten*
146 sonstige kosmische *Qualitäten*

**Auch das, was ihr heute als Naturgesetze bezeichnet, ist nichts anderes als eine weitere Schar viertgeborener Töchter von Urmutter Kosmos, welche in weiten Teilen des Universums waltet. Sie entwickeln sich mit dieser**

160 Naturgesetze oder Wahrscheinlichkeiten

Dimensionen, *Qualitäten* und die Naturgesetzmäßigkeiten sind als die **Viertgeborenen** der Göttin bekannt!

Die Fruchtbarkeit der Göttin ist schier unbegrenzt. **Nach der fünften Liebesnacht** mit dem Gotte gebar sie **Vater Sonne** und dessen Brüder, die unendlichen Sterne. Die Göttin wob eigens hierfür verschiedene **Sternenmäntel**, welche wir alle als Milchstraße (Nut) bewundern. Das materielle Universum ist Ausdruck dieser Nacht. Es teilt sich grob in **Materie, Antimaterie, dunkle Materie, Energie, Antienergie und dunkle Energie.**

**170 (- 238) die Nacht der Materie und die Fünftgeborenen**
171 Vater Sonne (= Sonnengott, Belenus, Helios, Sol, Surja, Re, Inti)
171b die Sonne als Sonne (mit Nr. 171 identisch)
172 Sonnenbrüder (= Sterne)
173 Galaxien
174 Materie
175 Antimaterie
176 dunkle Materie
177 Energie
178 Antienergie
179 dunkle Energie

Dunkle Energie ist potentielle Energie; dunkle Materie potentielle Materie.

Die Galaxien werden jeweils von einem **galaktischen Vater** und einer **galaktischen Mutter** regiert. Für eure Galaxie sind dies die Zentralsonne (El; schwarze Sonne; Allah; Jahwe) sowie die schwazblaue Madonna. Dies ist Mutter Maria mit ihrem Sternenmantel (Nut), der Milchstraße.

180 galaktischer Vater (= Zentralsonne; schwarze Sonne; Elahi, fälschlich: Allah; Jahwe; Jehova, JHWH, Viracocha, Vishvakarman)
182 galaktische Mutter (= schwarzblaue Madonna; Mutter Maria; Nutmaria)
184 Sternenmantel Marias (= Nut; Milchstraße = eure Galaxie)
184b Elohim (Gammastrahlung kosmischer Liebe)

Eure Galaxie wird außer von euch **Menschen**, den **holonen Drachen**, den **Engeln** als den Heerscharen Jahwes (beziehungsweise aller galaktischen Zentralsonnen) sowie allen weiteren in dieser Kosmologie genannten Wesenheiten insbesondere noch von **Sirianern, Orionern**, den **sieben plejadischen Kulturen, Annunaki** und den sogenannten **Grauen (Zetas)** bewohnt.

185 Menschen (siehe: 95)
186 Engel (siehe: 100)
197 Drachen (siehe: 77; 197a-z)
197a irdische Drachen (fast ausgestorben; erwachen allerdings mittlerweile erneut aus dem Kristallgitternetz)
197b dragonische Drachen (ausgestorben; bzw. leben in holoner Form weiter)
197c holone Drachen (heutiges Erscheinungsbild der Drachen)

198 sogenannte Außerirdische (198a-z)
198a Sirianer
198b Orioner
198c plejadische Kulturen (auch Insektoide etc.)
198d Annunaki (= Reptiloide; Chitauli)
198e Graue (= Zetas; El Shaddai)
198z Sonstige (Amphiboide etc.)

**Zusätzlich zu allen Viertgeborenen, also den dreizehn Geschwistern (Dimensionen), den *Qualitäten* und Naturgesetzen sowie dem materiellen Universum, entwickelten sich mit der Zeit die Hüter der Himmelsrichtungen (vier Zwergenbrüder) und andere Hüter. Diese Hüter sind von unersetzlichem Wert für Fortschritt und Entwicklung der Menschheit zurück zu ihrer Quelle, dem ionischen Licht der Gottheit.**

190 (- 194) Himmelrichtungen (Zwergenhüter)
191 Osten (Austri)
192 Süden (Sudri)
193 Westen (Vestri)
194 Norden (Nordri)

195 sonstige Hüter

Die Hüter arbeiten Hand in Hand mit den Vätern der unpersönlichen Elementarwesen, den Sternen und Galaxien, den Reichshüterreichen sowie weiteren **(positiven) Geistwesen kosmischer Herkunft.** In erster Linie sind sie die Hüter des Gesetzes **(Dharma/Örlög/Urlag – Urglück).**

In der sechsten Unterwelt aufzufinden ist ein Eingang in die *globale, ewige Akashachronik*, das universelle Memorial oder Allgedächtnis, in welchem alles verzeichnet steht! Ein wichtiger Teil des Allgedächtnisses ist das *Dharma,* die allumfassende Ordnung, Tugend oder Moral. Ich benenne dieses *Dharma* gerne auch mit dem germanischen Begriff *Urlag* oder *Orlög/Örlög*, dem Urgesetz aller Welten. Es entspricht zudem dem *"Ionum"* oder *"Ionium"*, der Gesamtheit aller spirituellen Gesetze, Dieses *Dharma, Urlag/Orlög/Örlög* oder *Ionum/Ionium* ist, im Gegensatz zu *Wyrd* - im Prinzip - unveränderlich.

200 (positive) kosmische Geistwesen
205 Akashachronik (= Allgedächtnis)
210 Dharma; Örlög oder Urlag (= Weltengesetz)
215 Ionium (= Summe aller Lebensgesetze,
    Schicksalsgesetze oder spirituellen Gesetze)
215 spirituelle Gesetze; siehe: "33 Lebensgesetze und
    ihre praktische Anwendung"

**Vater Sonne zeugte und gebar aus sich heraus Mutter Erde, den Erdvater ("Dagda") sowie die benachbarten neun Planeten, von denen einer im Krieg gegen die Chaosgötter wieder zerstört wurde. Mutter Erde gebar daraufhin Großmutter Mond und gab den Seelen der Steine, Pflanzen, Tiere und Menschen eine Heimat. Andere Seelen bevölkerten andere Planeten.**

220 Mutter Erde (Pachamama, Gaia, Dana[2])
220b die Erde als Planet (mit Nr. 220 identisch)
221 Erdvater (ihr nennt ihn "Dagda")
225 Großmutter Mond (Mondgöttin, Soma, Luna)
225b der Mond als Mond (mit Nr. 225 identisch)
230 (- 238) sonstige Planeten
231 Merkur
232 Venus
233 Mars
233b Dragon (Phaeton)

---

[2] Nach alten Quellen zugleich identisch mit Ana oder Sophia, also der Göttin der zweiten oberen Welt

233c Asteroidengürtel
234 Jupiter
235 Saturn
236 Uranus
237 Neptun
238 Pluto
238b Transpluto (= Nibiru)

**Noch immer regierte das Chaos, weshalb sich Jahwe, der galaktische Vater und die schwarzblaue Madonna (Maria) entschlossen sieben Naturgötterfamilien (33 reale Naturgottheiten mit ihrem Anhang) aus den Fernen der Galaxie um Hilfe zu bitten und in euer/unser Sonnensystem zu holen. Dies waren jene 33, welche die weitere Entwicklung eures/unseres Sonnensystems maßgeblich gestalteten.**

239 (- 319) die sieben Götterfamilien der 33
      Naturgottheiten
240 Familie der Weltenherrscher
250 Familie der Lichtgötter
260 Familie der Feuergötter
270 Familie der Kriegsgötter
280 Familie der Wassergötter
290 Familie der Fruchtbarkeitsgötter
300 Familie der Unterweltsgötter

310 sonstige Götterfamilien

Nach dem Sieg der Naturgottheiten und Nornen gegen die Chaosgötter und deren Verbannung aus eurem/unserem Sonnensystems entbrannte ein Streit unter den 33 über die Einflussnahme auf die verbleibenden neun Planeten. Dragon, der Planet der Drachen, wurde durch Shiva zerstört.

Es war Odin, der sich zum Herrscher über Jupiter und Erde aufschwang. Für seinen Sohn Hermes sicherte er sich zusätzlich den Merkur. Sein Bruder Thor übernahm den Saturn.

Durch Yggdrasil war die Erde bereits dreigeteilt. Die Familie der Lichtgötter übernahm die Oberwelt. Jene der Fruchtbarkeitsgötter teilte sich mit den Wassergöttern die mittlere Welt, und die Unterweltsgötter um Samhain siedelten sich in der unteren Welt an.

Zugleich übernahmen die Wassergötter noch Neptun und die Unterweltsgötter zusätzlich Pluto. Hypnos ließ sich hier nieder. Man sagt, er hätte sich hier mit Eris, aus dem Hause der Kriegsgötter, vermählt und auf Pluto sein eigenes Reich gegründet.

Die Venus wurde von Aphrodite und den Feuergöttern in Besitz genommen und der Mars von Teutates okkupiert. Einzig der Uranus blieb unbesiedelt, und es rankten sich die abenteuerlichsten Sagen um ihn. Die **planetarischen Wirkprinzipien** entstanden und beeinflussen seitdem die Entwicklung irdischen Lebens. Nach und nach verschmolzen die betreffenden Gottheiten mit ihren Planeten und den planetarischen Prinzipien.

320 (-329) planetarische Wirkprinzipien
321 Merkur: Vermittlung, Transformation
322 Venus: Liebe, Zuwendung, Geborgenheit, Schönheit, Harmonie, Frieden
323 Mars: Selbstbehauptung, gesunder Egoismus
324 Jupiter: Entwicklung, Wachstum, Expansion
325 Saturn: Einschränkung, Reduktion, Tugendhaftigkeit
326 Uranus: Befreiung, Normbruch, Ver-rücktheit, Kreativität
327 Neptun: Transzendenz, Jenseitigkeit, Suche
328 Pluto: Unterbewusstsein, Schattenwelt

Hinzu kommt die **Mondkraft** der Mondgöttin (Nr. 225) bzw. des Mondes (Nr. 225b), welche u.a. für Rhythmus, Mutterschaft und Widerspieglung steht. Sie verstärkt Bestehendes und bringt es so zurück in den natürlichen Lebenskreislauf (Medizinrad; Nr. 450) bzw. das spirituelle Gesetz (Dharma; Nr. 210).

330 Mondkraft (Mondprinzip)

**Mit ihren Erd- und Keimkräften entwickelte Pachamama (Nr. 220) das körperliche Leben. Doch erst die Sonnen- und Wachstumskräfte Intis (Nr. 171) ermöglichten dessen Blüte. So wurdet ihr zu körperlichen Kindern von Vater Sonne und Mutter Erde, wenn auch eure Seelen bereits weitaus älter waren als diese.**

331 (-335) die vier Körper des Menschen
332 spiritueller Körper (ionischer Körper; Seele); siehe: Nr. 95
333 physischer Körper
334 emotionaler Körper
335 mentaler Körper

Wer möchte, kann nun auch wie folgt unterscheiden
336 spirituelle (ionische), menschliche Körper (Seelen; Höheres Selbst; Nr. 95)
337 momentan verkörperte Menschen (Seelen)
338 zukünftige Menschen

Während Sol (Inti) alle Sonnen- und Wachstumskräfte verkörpert; so Dana (Pachamama) die Erd- und Keimkräfte. Beides ist notwendig zum Erhalt des Lebens, wie ihr es kennt (physisch, emotional und mental). Einzig das ionische Leben ist unveränderlich; es ist frei und unterliegt keinerlei Beeinflussung oder Zwang. Zu den Sonnenkräften gehören insbesondere **Licht, Wärme, Farben, Töne und Duft**. Zu den Erd- und Keimkräften u.a. **die Grundelemente: Wasser, Erde, Luft und Feuer.**

340 (-349) Sonnen- und Wachstumskräfte
341 Licht
342 Wärme
343 Farben
344 Töne
345 Duft
346 sonstige Wachstumskräfte

350 (-359) Erd- und Keimkräfte
351 (-355) vier Grundelemente
352 Wasser
353 Erde
354 Luft
355 Feuer: siehe bereits Feuer als Urkraft (Nr. 41)
356 sonstige Keimkräfte

**So vervollständigte sich im Laufe der Zeit die Zahl der sieben lebenden Elemente: Wasser, Luft, Feuer, Erde, Pflanzen, Tiere und Menschen (Ahnen).**

360 (- 367) sieben lebende Elemente
361 Luft; siehe Nr. 354 sowie Nr. 144 (Atmosphäre) und
    Nr. 390 (Wind)
362 Wasser; siehe Nr. 352 sowie Nr. 143 (Grundwasser)
363 Feuer; siehe bereits Nr. 355 und Nr. 40
364 Erde/Steine; siehe bereits Nr. 353 und Nr. 91
    sowie Nr. 141 (Erdkern) und Nr. 142
    (Magmagürtel)
365 Pflanzen; siehe bereits Nr. 92
366 Tiere; siehe bereits Nr. 93
367 Menschen (Ahnen); siehe bereits Nr. 94 sowie Nr. 331 (die vier Körper des Menschen)

**Manche sprechen auch vom Äther, dem Speichermedium (Urmutter Kosmos), als dem achten Element oder aber den Bäumen und ihren Dryaden oder auch den Pilzen als eigenständiger Elementegruppe.**

368 Äther; siehe Nr. 2
369 Bäume
370 Dryaden
371 Pilze

Weitere Kinder von Mutter Erde (Dana, Pachamama) und Vater Sonne (Sol, Inti) sind neben Großmutter Mond (Luna) auch die **Jahresezeitenschwestern** und **Windbrüder**. Die Legende erzählt, dass **Frühlingstochter** dem **Ostwind** den **Windjungen** gebar. Die **Sommerfrau** gebar dem **Westwind** den **Regenbogenkrieger** und Großmutter Herbst ebenjenem die **Regen-, Schnee- und Hagelschwestern**. Einzig die **Winterweise** blieb ohne Kinder.

380 (- 389) vier Jahreszeiten
381 Frühlingstochter (Frühling)
382 Sommerfrau (Sommer)
383 Herbstmatrone (Herbst)
384 Winterweise (Winter)

390 (- 399) die vier Windbrüder
392 Euros (Ostwind)
393 Notos (Südwind)
394 Zephyros (Westwind)
395 Boreas (Nordwind)

396 (-399) Kinder der Frühlingstochter
397 Windjunge (leichter Wind)

400 (- 409) Kinder der Sommerfrau
401 der Regenbogenkrieger (Regenbogen)

410 (- 419) Töchter der Herbstmatrone
411 Regenschwestern
412 Schneeschwestern
413 Hagelschwestern

**Das Medizinrad (Jahresrad) konzipierte sich und wurde zugleich zum irdischen Lebensrad oder Schicksalsrad.**

450 Medizinrad (Jahresrad; Schicksalsrad)
451 siehe: "Fünfte Druidenbroschüre"

**Hier endet die Kosmologie und beginnt die Ära der Menschen mit seinen vier Mysterien**

455 (-459) die vier Mysterien eines Menschenlebens
456 das Mysterium der Jugend (gelbe Phase)
457 das Mysterium der Lebensmitte (rote Phase)
458 das Mysterium des Alters (blaue Phase)
459 das Mysterium des Todes (schwarze Phase)

**Einjeder Mensch - spätestens nachdem er die Stadien des "Wilden" und des "Bürgers" durchlaufen hatte - ward als Krieger und Barde gedacht. Jene Kinder, die Pachamama dem Ur-Adler gebar, waren die Schamanen. Ihre Aufgabe war es zu erfahren, zu heilen**

und gemeinsam mit den **Druiden** und anderen Kräften (*forces*) das kosmische Gleichgewicht zu bewahren bzw. im Falle von Erschütterung wieder herzustellen. Wir sprechen hierbei von den **vier Rängen**.

460 (- 469) menschliche Entwicklungsstufen
461 Wilder (siehe: fünfte Druidenbroschüre)
462 Bürger (siehe: fünfte Druidenbroschüre)
465 (-469) die vier menschliche Ränge
466 Krieger
467 Barden (kreativ Schaffende)
468 Schamanen
469 Druiden

**Auf dem Weg zum Druiden gibt es acht Weihen.**

470 (-479) acht Weihen auf dem Weg zum Druiden
471 Luftweihe
472 Feuerweihe
473 Wasserweihe
474 Erdweihe
475 Pflanzen- oder Baumweihe
476 Tierweihe
477 Menschen- oder Ahnenweihe
478 *Spirit*-Weihe

Als die Erde dergestalt geschaffen war, schickte die Gottheit **Propheten** zu den Menschen, aber auch zu den Elementarwesen, Pflanzen und Tieren, um sie den rechten Weg zu weisen. Der Prophet selbst ist Wächter. Er sieht die Ungerechtigkeit der Welt und prangert sie an, indem er auf den **ursprünglichen Plan Gottes** verweist. Manche von ihnen erlangten den **Rang von Gottheiten.** Sie verkörpern jeweils den Einfluss einer anderen planetarischen Sphäre!

470 (- 479 ) Gottespropheten (göttliche Propheten)
471 Krishna
472 der Buddha
473 Echnaton
474 Abraham
475 Moses
476 Jesus
477 Muhammad
478 Zarathustra
479 Mani
480 Laotse
481 Konfuzius
482 Anastasia
483 Sonstige

Krishna (Thema Lebensfreude) reiste durch den Uranus. Buddha (Thema Erlösung) reiste durch den Neptun. Abraham und Moses reisten durch den Saturn. Jesus (Thema Liebe) reiste durch die Venus. Muhammad (Thema Dschihad/Selbstdisziplin) reiste durch den Mars. Zarathustra und Mani reisten durch Pluto, den Schatten. Laotse reiste durch Merkur und Konfuzius reiste durch den Saturn.

485 der Göttliche Plan Teil I. (die globale, spirituelle, pazifistische Anarchie = Sapo)
486 der Göttliche Plan Teil II. (die gänzliche Erleuchtung)

**Zudem lebte in jedem Volk mindestens ein "nicht-göttlicher" Prophet, um von Freiheit, Liebe, Gerechtigkeit und Wahrheit zu künden, den vier Göttlichen Tugenden, die euer eigentliches menschliches SEIN begründen.**

490 "kleine Propheten"
500 (- 504) vier göttliche Tugenden
501 Freiheit
502 Liebe
503 Gerechtigkeit
504 Wahrheit
505 weitere Tugenden

**Auch die fünf ewigen Menschengesetze wurden gelehrt (s.u.). Niemand von euch kann sagen, er sei nicht unterrichtet worden.**

510 (- 519) die fünf ewigen Menschengesetze
511 Leben und Gesundheit aller schützen
512 Eigentum, Besitz und Arbeit aller achten
513 die Wahrheit sagen
514 nicht ehebrechen oder bewusst in freier Liebe leben
515 das richtige Bewusstsein bei allem Tun

516 sonstige menschliche Gesetze

**Den Meisterschamanen und Druiden lehrte der Uradler darüber hinaus das schamanische Grundgesetz, auch Druidengesetz genannt.**

520 (- 529) das Druidengesetz
521 Ich bin der Schöpfer meiner Welt! (Fehu)
522. Es gibt hierbei keine Einschränkungen! (Uruz)
523 Schöpfung geschieht durch Verbindung mit dem
  Universum und dessen Bewusstwerdung im Innere (Isa)
524 Jetzt ist der Augenblick der Schöpfung! (Jera)
525 Hier ist der Ort! (Eiwaz)
526 Der Erfolg gibt dir recht! (Sowelo)
527 Liebe ist das Gesetz! (Kaunaz)
528 Alles hängt mit allem zusammen! (Tiwaz)

In den Abertausenden von Jahren menschlicher Besiedlung auf Mutter Erde schafften es einige der Seelen, Erleuchtung zu erlangen. Wir sprechen von der **Weißen Bruderschaft**.

Manche wirken aus spirituellen Sphären (**Aufgestiegene Meister**). Einige verschmolzen in tantrischem Tanz gänzlich in Gott und Göttin (**Buddhas**). Andere dieser Seelen beschlossen wieder zu inkarnieren, um so der Menschheit weiterhin auf ihrem Weg zu helfen. Man nennt sie **Bodhisattvas**

Eine weitere Gruppe der Weißen Bruderschaft sind die sogenannten **Avatare**, die Inkarnationen von Gottheiten.

Auch die gottgleichen Propheten gehören zur Weißen Bruderschaft.

530 (- 539)  Weiße Bruderschaft
531 Aufgestiegene Meister
532 Buddhas und Bodhisattvas
533 Gottespropheten; siehe Nr. 470
534 Avatare

Neben den Engeln und Helfern aus der Weißen Bruderschaft verfügt der Mensch noch über eine weitere Reihe kraftvoller Unterstützer, die wir als *spirits* oder menschliche Verbündete bezeichnen. Zu Ihnen gehören in erster Linie eure **Geistführer und Krafttiere**. Im Falle erleuchteter Tiere spricht man von **Totem- oder Krafttieren**, voller Güte für den Menschen und dankbar für jeden Kontakt.

Anders als die Menschen und Tiere verloren die Pflanzen und Steine das ionische Licht nie gänzlich *(sogenannter „Fall")*, weshalb jede Pflanze zur **Heilpflanze** und jeder Stein zum **Kraftstein** werden kann, denn dies sind ihre Tugenden. Es gilt lediglich, sie zu erwecken.

540 (- 549) Verbündete
541 Geistführer (können auch Ahnen oder Mitglieder der Weißen Bruderschaft sein)
542 Totem- und/oder Krafttiere
543 Heilpflanzen (Medizinpflanzen)
544 Kraftsteine (Kristalle, Magnete und andere)
545 Fetische und sonstige Kraftobjekte

Zur weiteren Transformation der Erde stehen Gott-Göttin, dem Gottwesen - neben den vier Rängen, den Propheten, der Weißen Bruderschaft und den menschlichen Verbündeten - insbesondere auch noch die **alten Götter** (Nornen; Natur- und Regionalgottheiten) mit den verschiedensten Aspekten und Erscheinungsformen zur Seite. Sie waren es, die damals die Chaosgötter aus eurem/unserem Sonnensystem vertrieben. Nach wie vor glauben wir - trotz der Zerstörung unseres einstigen Planetens Dragon - fest an ihren heilbringenden Einfluss, wenn sie euch heutzutage auch zumeist nur in ihrer gezähmten („destillierten"), weitestgehend beherrschbar gemachten und zur Liebe gereiften Form entgegentreten, also ihrerseits ebenfalls weitere Entwicklung durchlaufen haben.

550 (-559) alte Götter
551 Nornen; siehe Nr. 130
552 Naturgottheiten; siehe Nr. 239
553 Regionalgottheiten

**Die Erde wurde bereits dreimal zerstört. Die Namen der untergegangen Kontinente waren: Ur, (Mu-)Lemurien sowie Hyperboräa (Daaria) und Atlantis**

560 (-569) untergegangene *Welten*
561 Ur
562 (Mu-)Lemurien
563 Hyperboräa (Daaria/Darija)
564 Atlantis
565 Babylon

**Wieder lebt ihr auf einer Schnittstelle menschlicher Entwicklung, einer Transformationszeit. Dreimal habt ihr bereits versagt, diesmal gilt es das zu schaffen, was wir Drachen eine lebenswerte spirituelle Anarchie nennen. Alles andere ist dem freien Menschen als Krieger (Nr. 461) und Barde (Nr. 462) nicht würdig! Dies Welt nennt sich SAPO oder einfach nur neues goldenes Zeitalter.**

566 Sapo (= Spirituelle Anarchie Pazifistisch Organisiert)

**Die fünf Säulen, auf denen das mittlerweile in Bewusstsein, Humor, Liebe und Kampf überwundene System (Babylon) beruhte, waren;**

570 (- 579) die Säulen des Systems
571 Babylon, die imperialistische Macht der sogenannten "Neuen Weltordnung"
572 Basar, die kapitalistische Wirtschaftsordnung der "freien Marktwirtschaft"
573 Kirchturm, Minarett und Synagoge, das Dogma der monotheistischen Religionen
574 das globale Krankensystem
575 die Manipulation in Erziehung und Medien
575 die eigene Angst (geschürt durch die anderen fünf Säulen)

**Ihr lebt heute bereits in der fünften Welt. Wie immer in Zeiten der Transformation entstieg der Erdenstamm dem Regenbogenvolk. Einer seiner Clans, die jüngst wieder aktiv wurden, ist der Feuerweidenclan. Ich sende dies hier so spezifisch, weil auch du ein Teil desselben gewesen bist. Und noch immer bist du auf der Suche.**

580 Regenbogenvolk (die sich erhebende Menschheit)
581 Erdenstamm
582 Feuerweidenclan
583 weitere Clans im Erdenstamm
585 weitere Stämme
590 spirituelle Anarchie (= Nr. 485 = Nr.565)

591 (-599) die fünf Bewegungen spiritueller Anarchie
592 Selbstverantwortung und Freiheit
593 bewusstem Handeln und Spiritualität ohne Dogmen
594 Ökologie und Solidarität mit allem Lebenden
595 Dezentralisierung und Autonomie
596 Gleichberechtigung aller Menschen im Rahmen einer natürlichen Dominanz

**Es gibt bei der Erforschung eurer Welt grundsätzlich vier gleichberechtigte, sich ergänzende Erkenntniszugänge. Diese sind der Intellekt (Osten), der Körper (Süden), das Gefühl (Westen) sowie die Leere (Norden). Diese Kosmologie ist größtenteils im Nordosten entstanden, aus dem Geist der holonen Leere.**

**Folgenden Hinweis möchte ich dir noch an die Hand geben. Sag allen, die komplette Kosmologie sei immer nur symbolisch zu begreifen! Es gäbe keine "formal-wissenschaftlich nachprüfbaren" Sachverhalte. Und doch sei sie für jeden Menschen fühlbare, erlebbare, verstehbare und begreifbare Wirk-lich-keit!**

Nach der Übermittlung dieser Kosmologie (samt ihrem Anhang aus der "Ära des Menschen mit ihren vier Mysterien"), welche zunächst "Kosmologie der fünf Nächte (KFN)" genannt und von mir bereits im "DRACO-Druidenbuch" publiziert wurde, schwieg Draca ein Weile. Kürzlich meldete sie sich aber mit folgendem Geschichtsmaterial - von ihr als "Ganzheitliche Geschichte" tituliert - zu Wort. Beide Komponenten wurden hier von mir in diesem Werk als "Einheitliche Kosmologie und Geschichte der Menschheit" zusammengefasst. Auch der nun folgende zweite Teil wurde wiederum mit einigen kleineren Erläuterungen meinerseits versehen.

## Das **Alter des Universums (Nr. 1)** wird in den heutigen Naturwissenschaften auf 13,7 Milliarden Jahre geschätzt.

Den Hyperraum, also das Gottwesen Urion in nicht universell manifestierter Form, muss es bereits davor gegeben haben. Er ist zeitlos. Etwa im Zeitraum von der Entstehung des Universums bis zur Entstehung unserer Galaxie müssen sich die sich immer wiederholenden ersten vier Nächte der naturspirituellen Kosmologie ereignet haben. Sodann die fünfte Nacht, die Erschaffung des materiellen Universums vor ca. 13,6 Mrd. Jahren.

Das ungefähre **Alter unserer Galaxie (Nr. 184)** könnte bei um die 13,6 Milliarden Jahre liegen. Damals war Zeit noch keine wirklich messbare Konstante und auch heute noch ist sie, wenn man ein wenig hinter ihre Schleier dringt (Nr. 108), nichts als Illusion.

Das **Alter unseres Sonnensystems** (Nr. 220 ff.) und mithin der Erde wird "lediglich" auf 4,55 Milliarden Jahre geschätzt. Die **Sternzeit**, in welcher sich die Erde im Zustand eines glühenden Planeten befand, endete dann ungefähr vor 4500 Millionen Jahren. Bereits zu dieser Zeit hat es **menschliche Seelen** (Besiedlung) auf der Erde gegeben, die an deren Gestaltung mitwirkten. Auch Engelwesen und die Stammväter der späteren irdischen Drachen arbeiteten zu diesem frühen Zeitpunkt mit. Ansonsten aber tobten die Götter des Chaos (Nr. 30).

Es folgten (I.) **Präkambrium**, die Urzeit, mit Bildung der Urkontinente und Urmeere sowie (II.) das **Paläozoikum** (Erdaltertum); (III.) das **Mesozoikum** (Erdmittelalter) und (IV.) das **Neozoikum** (Erdneuzeit).

**(I.)** Im **Präkambrium** wurden in einem planetarischen Krieg die Chaosgötter durch die 33 und die 3 Nornen zurückgedrängt. Dragon (Nr. 233b) wurde zerstört. Der Asteroidengürtel (Nr. 233c) entstand. Die ersten Menschen unterschiedlichster galaktischer Herkunft nahmen auf Erden bereits eine ätherische, feinstoffliche Form an.

Noch vor dem planetarischen Krieg der 33_3 gegen die Chaosgötter muss es zum großen Krieg der Elben gegen die Drachen mit fürchterlichen Verlusten auf beiden Seiten gekommen sein, über den aber keine genauen Aufzeichnungen mehr existieren.

**(II.)** Das **Paläozoikum** (Beginn vor etwa 550 Mio. Jahren) weist die Formationen Kambrium, Ordovizium, Silur, Devon, Karbon und Perm auf. Aus dem Kambrium ("kambrische Explosion") stammen die ersten fossilführenden Sedimente. Erste Landpflanzen sind seit dem Silur nachweisbar.

Ab dem Devon, also vor etwa 400 Mio. Jahren, kann man bereits von den Anfängen des einheitlichen Menschenreichs Ur auf Erden ausgehen, einer Melange jener Seelen ihrer Anfangszeit und weiteren, welche sich entschlossen hatten, (erneut) hier zu inkarnieren. Diese Menschen waren zwar geeint, dennoch war diese sogenannte erste Welt aufgrund der Nahrungsmittelknappheit die bisher vielleicht härteste Schule menschlicher Entwicklung. Es waren heroische Zeiten, die nur die wenigsten überlebten. Es herrschten die 33 Gottheiten und bezogen ihre Macht aus dem Glauben der Menschen.

Du persönlich, Kind einer Spinne, warst zu dieser Zeit noch im Orionnebel beheimatet. Viele der sich auf Erden abmühenden Seelen stammten ursprünglich aus ihm. Der größte Zustrom von Orionern erfolgte im Karbon. Viele von ihnen verfolgten wirtschaftliche Interessen in der Metallgewinnung während der variskischen Gebirgsbildung. Andere wiederum kamen aus rein humanitären Gründen.

Die endgültige Wendung zum Untergang der ersten Welt erfolgte im Perm mit dem Abzug der Elohim durch die Zentralsonne Jahwe. Diese wurden zur Eindämmung der durch die Chaosgötter verdunkelten und sich nunmehr schnell ausbreitenden Zetas (El Shaddai = Schatten) benötigt. Jahwe gab Ur dem Untergang Preis. Alles im Universum - außer diesem selbst hat einen Gegenspieler. Im Falle der Elohim waren dies die El Shaddai, welches nicht der Name des wahren Gottes ist, sondern jener, den ihm seine falschen Priester gaben.

Auch wir Drachen leisteten keine Hilfe, waren wir doch noch immer zu sehr mit unserem eigenen Überleben und unserer holonen Transformation (auf dem Nordpolarstern) nach der Zerstörung Dragons beschäftigt. Letztlich scheiterte die Ur-Welt am Aufkommen der Dinosaurier.

(III.) Das **Mesozoikum** mit seinen Formationen Trias, Jura und Kreide, dauerte von etwa 220 Mio. - 65 Mio. Jahren vor eurer Zeit. Es gilt als Erdzeitalter der Dinosaurier. Zeitgleich gelang es der Allianz der sich mittlerweile vermehrt in der gesamten Galaxie engagierenden Sirianer mit Hilfe der wiedererstarkten Drachen, einen Teil der irdischen Ur-Bevölkerung im Reiche Lemurien zusammenzufassen. Der grün-goldene, lemurische Drachen entstand. Dies war die Geburt der sogenannten zweiten Welt von Mu-Lemurien. Zu diesem Zeitpunkt inkarnierten immer mehr Sirianer auf Erden und vermischten sich mit den Lemuriern. Drachenreiter waren keine Seltenheit.

"Mu" entstammt der Drachensprache und bedeutet so viel wie "Versuch". "Lemurien" hingegen ist sirianisch und bedeutet "friedfertiges Land". Die zweite Welt - ohne atlantische Okkupation - sollte immerhin über 160 Mio. Jahre Bestand haben. Die damalige Landmasse Mu-Lemurien liegt noch immer in heutigen Pazifik.

Trotz aller Schönheit war Lemurien ein Reich der Dualität, in seiner Qualität am ehesten dem heutigen Yin-Yang-Symbol vergleichbar. Der elbischen Kultur und den edlen Menschen standen schwarze Mächte wie jene eines *Sauron* und/oder *Saruman* gegenüber. (J. R. R. Tolkiens gechannelter Epos spielte sich auf der lemurischen Mittelerde ab.) Neben Drachen und Sauriern bevölkerten auch erste reptiloide Gestaltenwandler Nibirus die Erde. Ursprünglich hatten wir einen gemeinsamen Vorfahren,

Das Mesozoikum endete vor etwa 65 Mio. Jahren in einer Katastrophe, welche das Aussterben der Dinosaurier zur Folge hatte. Der Meteoriteneinschlag, die bis dato letzte Rache der vertriebenen Chaosgötter (von ihrem Asyl im Andromedanebel aus), vernichtete nicht nur die Saurier auf den übrigen Kontinenten, sondern versetzte auch der mu-lemurischen Kultur einen herben Dämpfer, von dem sie sich nie mehr erholen sollte. Bis dahin hatte sie mit ihren Elbenkulturen dem Paradies "vor dem Fall" entsprochen. Jetzt war der Gesteinsbrocken *gefallen* und die auftretenden Staubwolken verdunkelte die Erde. Die Elben wandern gen Westen. Die sogenannte zweite Welt war vernichtet.

(IV.) Im folgenden **Neozoikum mit seinen Formationen Tertiär und Quartär** traten die Säugetiere ihren Siegeszug an.

**Tertiär**: Im Jungtertiär (vor etwa 64 Mio. Jahren) erscheint der lemurische, großenteils vom Sirius abstammende Mensch erneut auf Erden. Dies ist der Beginn der sogenannten dritten Welt. Lemurien erholt sich. Zeitgleich wird Atlantis besiedelt. Meines Wissens waren dies drei große und mehrere kleinere Inseln mitten im Atlantik (zwischen Afrika, Europa und Asien). Die Hauptinsel hatte etwa die Größe Europas.

Die ersten Atlanter waren plejadischen Ursprungs. Das nach einer ersten anarchischen Phase entstehende atlantische Imperium wurde mit der Zeit - nach idealistischen Anfängen ("goldenes Zeitalter") - immer kriegerischer und gieriger und begann damit, die lemurische Kultur gänzlich zu unterwerfen ("silbernes Zeitalter"). Die Elben, als Schutzmacht Lemuriens, verließen Mittelerde auf ihrem Weg nach Westen. Die Atlanter ihrerseits nahmen sich zur Frau unter den Lemuriern, wen auch immer sie wollten. Diese hatten der überlegenen atlantischen Technologie (Flugobjekte etc.) nichts entgegenzusetzen. Einige Atlanter forschten auch mit menschlichem und tierischen Erbgut, welches sie miteinander kreuzten. Die Entwicklung von Menschenaffen (eine Kreuzung aus Affen mit lemurischen Menschen vor etwa 10 Mio. Jahren) war eines dieser Experimente. Wirtschaftlich wurde dies als "notwendige Erzeugung von Arbeitssklaven für das atlantische Imperium gerechtfertigt". Die Maßnahme führte dennoch damals zu heftigen Kontroversen im moralisch strikten Atlantis. Die Versuche wurden zunächst gestoppt, dann aber 5 Mio. Jahre später erneut aufgegriffen. Diesmal wurden Menschenaffen mit Lemuriern gekreuzt und in Afrika, dem Freilandlaboratorium der Atlanter, ausgesetzt. Das Auftreten des Homo habilis vor etwa 2,5 Mio. Jahren sowie des Homo erectus vor etwa 2 Mio. Jahren sind direkte Folgen hiervon; ebenso wie dessen Nachkommen wie beispielsweise der Peking-Mensch, der Java-Mensch (in Asien) oder der Neandertaler (im Nahen Osten und Europa) bis hin zum Homo sapiens.

Der Zeitpunkt des ersten Auftretens des Homo neandertalensis ist nicht klar bestimmbar, denn welche Kriterien sollte es geben? Um euren Wissensdurst zu befrieden, möchte ich ihn hier einmal mit 500.000 Jahren vor eurer Zeitrechnung ansetzen. Das lemurische, "menschliche" Blut in seinen Adern hatte bereits die Oberhand über seine viertelsäffische Physis erlangt. Er war ein einfühlsames Wesen. Vor etwa 230.000 Jahren erreichte der Neandertaler dann Europa, wo er bis etwa

30.000 Jahre vor eurer Zeitrechnung überleben wird.

Unterdessen propagierten die Atlanter zwar offiziell, dass es nur einen Gott gäbe und verboten die Fruchtbarkeits- und Regionalgottheiten der Lemurier ("Vanen") ebenso wie den Sonnenkult des Belenus, standen aber nach wie vor in direkten, wenn auch geheimen Kontakten sowohl mit Mars (und den damaligen Marsianern) aus dem Haus der Kriegsgötter als auch mit Neptun aus dem Haus der Wassergötter. Auch ihre Verbindung zu den plejadischen Kulturen war noch nicht abgebrochen ("ehernes Zeitalter"). Sie verfügten über eine hochentwickelte Wissenschaft, Technologie und Wirtschaft, wobei sie auch mit den Orionern eng zusammenarbeiteten und diesen eigene Tempel widmeten. Zudem machten sich die Atlanter atomare und die noch fortgeschrittenere kristalline Energie nutzbar sowie andere Technologien, welche sie aus ihrer einst plejadischen Heimat mitgebracht hatten.

Trotz seines technischen Know-hows war Atlantis zur gleichen Zeit eine Megalithkultur. Beispielsweise die Menhire in Carnak zeugen hiervon. Überhaupt entstanden all die Steinkreise in Evora, Stonehenge oder auf Malta unter atlantischem Einfluss. Das atlantische Imperium sollte daher nie als einheitliches Ganzes verstanden werden. Bereits Platon berichtete, das gesamte Reich sei in 10 Königshäuser aufgeteilt gewesen, deren Herrscher sich im Abstand von jeweils 5 oder 6 Jahren zu einer Art Weltgipfelkonferenz auf der Hauptinsel trafen. Es gab auch Kolonien.

Politisch gesehen durchlief das atlantische Weltreich während seiner über 60 Mio. jährigen Geschichte die verschiedensten Herrschaftssysteme von der freien Anarchie (= "goldenes ZA") über die Republik (= "silbernes ZA") hin zu immer autoritärer und autokratisch werdenden Regierungsformen (= "ehernes und eisernes ZA"). Das Zeichen Atlantis' war die Triskele, wie sie später dann von den Kelten übernommen wurde. Sie stand u.a. für die damaligen drei Jahreszeiten von "Winter, Sommer und

Regen" oder das Heilige Dreieck von Sonne, Mond und Erde.

Man muss verstehen, dass die Lebensspanne des durchschnittlichen Atlanters die eure um Hunderte von Jahren (wenn nicht länger) überragte. Mit uns Drachen standen sie während der gesamten Zeitdauer ihres Imperiums auf Kriegsfuß und verfügten über unsere Verbannung und Vertreibung von der Erde. Nur einige wenige irdische Drachen konnten sich in ihrer körperlichen Form bis ins Mittelalter hinüber retten. Der Abbruch des Kontakts zu den Plejaden erfolgte mit Einsetzung des ersten atlantischen Gottkaisers in der diktatorialen Phase. Sein Name war Atlas I.. Ihm verdankt Atlantis seinen Namen ("eisernes Zeitalter"). Im Körper der Gottkaiser zirkulierte reptiloides Blut. Wir verstehen nicht, warum die Elben auf ihrem Weg gen Westen nach Aman (Atlantis) den Atlantern ihre machtvolle Sprache, ihre Kultur und das Wissen der Kristalle überließen. Sie hätten die atlantisch-marisianisch-reptiloide Gier und den kommenden Machtmissbrauch erkennen müssen.

**Das Quartär** (Beginn vor 1,5 Mio. Jahren) wird in die Abteilungen **Pleistozän** und **Holozän** aufgeteilt.

Die ersten Millionen Jahre des Pleistozäns verliefen ohne größere Zwischenfälle. In Atlantis herrschte ein strenges Kastensystem mit jenen reptiloiden Diktatoren an der Spitze, die auf Atlas I. nachfolgten. Das Imperium beobachtete mit Wohlwollen die Ausbreitung und Entwicklung des Homo erectus; in seinen Erzminen arbeiten Zyklopen und andere - oftmals gezüchtete - Wesenheiten. Die Gentechnologie wurde von den Atlantern mittlerweile zur Gänze beherrscht. Auch der Umgang mit kristalliner Energie und deren Nutzung hatten ihren Höhepunkt erreicht. Sehende warnten bereits vor ihrem Machtmissbrauch, doch der Machthunger und die Gier der de facto atlantischen Eliten (Gottkaiserfamilie; Priesterschaft; Wissenschaftler und Militär) kannte keine Grenzen. Ein letzter lemurischer Aufstand wurde niedergeschlagen ("eisernes Zeitalter").

Ab 600.000 Jahren vor eurer Zeitrechnung fanden im **Pleistozän** die bekannten großen Eiszeiten von Günz, Mindel, Riß und Würm statt. Es ist auch unter dem Namen Diluvium (Regenzeit) bekannt, da das Zeitalter mit einer weltweiten riesigen Flutwelle ("Sintflutsagen") endete, welche durch den bekannten Machtmissbrauch der atlantischen Elite mit Kristallen hervorgerufen wurde. Atlantis selbst versank in den Fluten des Atlantiks. Einige Überbleibsel dieses riesigen Kontinents sind die Kanarischen Inseln, die Kapverden, Madeira, die Azoren sowie das Bermudadreieck. Der Golfstrom entstand. Dadurch erwärmte sich das Klima in Europa nach der Katastrophe, welche als Untergang der sogenannten dritten Welt gewertet wird. Als letzte Überreste der atlantischen Gesellschaft kann die minoische Kultur auf Kreta gewertet werden. Weitere direkte Nachfahren der Atlanter waren u.a. die Ur-Kaukasier, Phönizier, Basken, Tolteken, Inka und das Volk von Atl (die Azteken). Auch die sogenannten Seevölker waren verzweifelte Flüchtlinge aus dem versinkenden Atlantis, welche Ägypten und Griechenland heimsuchten, sodann aber von den Ägyptern unter Ramses III. und den Griechen, wie Platon berichtete, endgültig geschlagen wurden. Mit dem Untergang Atlantis fiel die Menschheit zurück auf den Stand der mittleren Steinzeit.

Das Pleistozän endete also wie bereits die zweite Welt in einer Katastrophe. Kulturhistorisch sprechen wir vom Beginn der mittleren Steinzeit (Mesolithikum) inklusive Ackerbau. Geographisch gesehen beginnt das Holozän (Alluvium), in welchem wir bis heute leben.

Mit der folgenden Vermischung der atlantischen und lemurischen Flüchtlinge mit der restlichen Weltbevölkerung des Homo sapiens möchte ich vom "Entstehen der ursprünglichen indigenen Bevölkerungsgruppen des heutigen Menschens" sprechen.

Im **Holozän,** auch Alluvium genannt, wurde das Klima angenehmer für die Menschen. Insgesamt führten die besseren klimatischen Lebensbedingungen auch zu kleineren kulturellen Neuerungen. Die heutigen Landschaftsformen bildeten sich heraus.

Lass mich bitte auf folgenden Punkten insistieren: Der Übergang vom Pleistozän (Diluvium) zum Holozän (Alluvium) ereignete sich vor etwa 10.000 Jahren, als auch noch die letzten Reste des einstigen Atlantis in den Fluten versanken. Genau genommen erfolgte dieser Untergang während des gesamten Pleistozäns in Etappen, die dem Wechsel der globalen Eiszeiten mit zwischenzeitlicher Erwärmung entsprachen. Da die Mehrheit der heutigen Forscher allerdings die einstige Existenz von Atlantis leugnet, haben sie für diese Epoche (bis 600.000 Jahre zurück - die Periode der Eiszeiten) historisch eine Altsteinzeit ("Paläolithikum") konstruiert, die es in dieser Form allerdings nie gegeben hat, da immer zugleich das hochentwickelte Atlantis parallel existierte.

Eure eigenen kollektiven menschlichen Erinnerungen hinsichtlich einer angeblich solch harten Zeit wie dem Paläolithikum reichen teilweise zurück bis in die sogenannte erste Welt des Paläozoikums. Nur die wenigsten von euch erlebten die Altsteinzeit als Homo.

Nichts desto weniger entstand aus dem sich entwickelnden Homo erectus die Untergruppe des Neandertalers, welcher sich von etwa 230.000 bis 30.000 Jahre vor eurer Zeit in Europa halten konnte. Noch entscheidender für das Auftreten des heutigen Menschens in der sogenannten vierten Welt, der euren, war natürlich das Auftauchen des ersten Homo sapiens in Afrika (vor etwa 200.000 Jahren) und dessen Siegeszug um die ganze Welt seit etwa 100.000 Jahren.

Vor etwa 40.000 Jahren erblühten in einer "oberpaläolithische Revolution" weltweit Kunst und Kultur. Musikinstrumente; neue Gerätschaften; Wandmalereien, Figurinen usw. entstanden. Wenn man so will eine erste menschliche Schwellenzeit; vermutlich hing diese global stattfindende Entwicklung mit der nochmaligen Anhöhung der Kristallgitter durch die Atlanter zusammen. Spätestens seit dieser Zeit kann von eine komplexen Sprachbeherrschung der heutigen Menschen ausgegangen werden.

Hierbei allerdings vom Beginn der eigentlichen menschlichen Geschichte zu sprechen und die vorherigen drei *Welten* von Ur, Lemurien und Atlantis zu ignorieren (sowie jene Zeit der feinstofflichen menschlichen Seelen im Präkambrium und sogar noch hiervor, als es noch keine Erdkruste gab), ist ein Trugschluss sondergleichen.

Der Cromagnon-Mensch, eine modernere Homo sapiens-Art, die vor 45.000 in Europa eintraf und eure direkten Vorfahren stellt, lebte hier noch etwa 15.000 Jahre parallel mit dem Neandertaler. Natürlich fand, auch ein gewisses Maß an Hybridisierung statt, denn noch immer ist das Genom des Neandertalers im europäischen und vorderasiatischen Menschen nachweisbar.

Wir kommen zurück ins Holozän: Mit dem Auswandern und der Flucht einstiger atlantischer Gruppen nach dessen endgültigen Untergang vor etwa 10.000 Jahren entstanden schon etwa 6000 Jahre später in einer weiteren Schwellenzeit (der neolithischen Revolution) jungsteinzeitliche Hochkulturen wie jene der Ägypter oder am Indus.

Der Beginn der Jungsteinzeit (Neolithikum) wird auf 4000 v. Chr. datiert. Sie sollte bis ins Jahr 1700 v. Chr. anhalten. Der Übergang zum Ackerbau hat jedoch schon vor etwa 10.000 Jahren eingesetzt und stellte somit keine Errungenschaft der Jungsteinzeit dar (wie früher behauptet), sondern war bereits durch Atlantis bekannt. Aber egal. Der erste Gebrauch von Kupfergegenständen kann nach wie vor dem Neolithikum zugeordnet werden. (Erst mit dem Einsetzen der Bronzezeit[3] gilt die Steinzeit als überwunden.)

---

3 Natürlich war die Bronzeherstellung auch in atlantischer Zeit bereits bekannt. Genau genommen handelt es sich also um eine Wiederentdeckung.

Während in Ägypten, Zentralamerika, in Mesopotamien und am Indus (unter postatlantischem Einfluss) in der neolithischen Revolution verschiedene patriarchale Hochkulturen entstanden und aufeinander folgten, entwickelte der Cromagnon-Mensch in Europa nach und nach matriarchale Strukturen. Die autochthone europäische jungsteinzeitliche Ur-Bevölkerung war ein mehr oder weniger einheitliches Volk von Jägern und Sammlern.

Bis in die Bronzezeit hinein (in Mitteleuropa etwa 1700 - 800 v. Chr.) wurde im gesamten Europa und Vorderen Orient eine Muttergöttin verehrt. Diese war identisch mit der Erdgöttin "Dana" oder dem Planeten Erde selbst. Das europäische Matriarchat war eine friedliche Zeit, die an Mu-Lemurien erinnerte. Doch die Geschichte wiederholt sich: In der Bronzezeit kam es zum jähen Einfall kriegerischer indoeuropäischer Hirtenvölker aus dem Kaukasus und den Steppen Kasachtans. Diese waren es, die die Bronze einführten, eine Verbindung aus Kupfer mit Zinn. Inwieweit sich diese Völker und Kulturen darüber hinaus hielten oder sich nach erfolgreicher Eroberung wieder zurückzogen, kann heute nicht mehr genau rekonstruiert werden.

Die ursprünglichen 33 Gottheiten waren längst in Vergessenheit geraten. (Es existierten weltweit lediglich nur noch einige wenige Überlieferungen.) Die Kelten, die in der Schicht ihrer Druiden noch atlantisches Blut führten, waren das erste Volk, welches die Erinnerung hieran wieder nach Europa zurückbrachten, wenn auch natürlich nicht mehr in seiner Reinform, wie sie zu Zeiten der sogenannten ersten Welt bekannt war. (Was andererseits auch nicht verwundern sollte, denn die 33 selbst hatten sich mittlerweile, in die von ihnen verkörperten Prinzipien zurückgezogen und waren nunmehr eher morphogenetischen Archetypen gleiche Felder, den ernsthaft in Erscheinung tretende Gottheiten.) Das erste die autochthone europäische Bevölkerung andauernd überlagernde Substrat war das (Proto-)keltische. Auch die nachfolgenden Völker, wie die Germanen, Griechen oder Römer glaubten noch immer in mythologischer Form an die 33.

Die Brahmanen und Druiden besaßen über die atlanto-ägyptisch Priesterschaft und Hermes Trismegistus noch immer ein weitreichendes Weltenwissen, wenn viele technische Details auch verloren gegangen waren. Die Kelten selbst waren anfangs noch halb matriarchal und halb patriarchal, der oberste Himmelsgott hatte in ihrem Glauben noch nicht zur Gänze den Kult der Muttergöttin abgelöst. Auch die Frauen wurden weiterhin mit großem Ansehen bedacht. Kamen die Kelten auch dereinst (während der Bronzezeit) als Hirtenkultur aus dem Osten, aus dem Kaukasus oder von noch weiter her, so waren sie doch alsbald heimisch und vermischten sich mit der indigenen europäischen Bevölkerung.

Sie waren es, welche bei Hallstatt mit der Eisenherstellung[4] begannen und kurz darauf über die besten Eisenschwerter ihrer Zeit verfügten. Dies ermöglichte ihnen, weite Teile Europas zu unterwerfen und zu assimilieren. Bald schon nannte man sie alle Kelten. Dass teilweise noch bis in die

---

[4] Ein Wissen, was die keltischen Druiden noch aus atlantischer Zeit bewahrt hatten.

Bronzezeit herrschende europäische Matriarchat indess ging unwiederbringlich verloren. Eine männliche, keltische Herrschaftsschicht bildete sich heraus. Die zweite Überlagerung (Substrat) in deinen Breiten waren übrigens die Germanen, auch sie ein großer indoeuropäischer Volksstamm. Von nun an spätestens herrschten Spaltung (in verschiedene Bevölkerungsgruppen), Wertung (die anderen waren schlechter) und Fixierung (die bestehenden Herrschaftsverhältnisse sollten nicht angetastet werden).

Die herangebrochene Eisenzeit wird von manchen auf 800 vor Christus bis ins Jahr Null datiert. (In Wirklichkeit lebt ihr bis heute in ihr.) Dann nämlich hatten die weiterhin nachrückenden Völker wie die Germanen von Norden her und die Römer von Süden die keltischen Stämme im nördlichen Italien und späteren Germanien unterworfen. Bald darauf in Frankreich in der Entscheidungsschlacht von Alesia 52 v. Chr.. In Teilen der britischen Inseln sowie in der Bretagne sollte sich das keltische Erbe allerdings bis heute bewahren.

**Die Geschichte des Altertums, welche bereits mit der sagenhaften Gründung Roms im Jahre 753 v. Chr. einsetzte und bis zum Untergang des Weströmischen Reiches 476 na. Chr. (eurer Zeitrechnung) andauern sollte sowie des folgenden Mittelalters und der Neuzeit ist euch hinreichend bekannt.**

Wir werden weiter hinten einige dieser „herrschaftlichen Daten" nachtragen.

Bis hierhin kann unsere Kosmologie und Geschichte wie folgt erzählt werden

13,7 Mrd. Jahre: Alter unseres Universums
13,6 Mrd. Jahre: Alter unserer Galaxie
 4,55 Mrd. Jahre: Alter unseres Sonnensystems
(jeweils laut Aussagen der heutigen Wissenschaft)

Zeitgleich mit der Entstehung unseres Sonnensystems brach – von den Chaosgöttern und Dunkelmächten geschürt – der große Krieg der Drachen gegen die Elfen um die Vorherrschaft darin aus. Dieser Krieg sollte in verschiedenen Etappen geführt erst zu Beginn des Algonkiums, also vor etwa 2000 Mio. Jahren, beigelegt werden können. Seine Gesamtdauer betrug somit über 2500 Mio. Jahre – die vielleicht größte Katastrophe unseres Sonnensystems und der Entwicklung von Leben darin!

**Vor 4550 bis 4500 Mio. Jahren: Sternzeit**
Während der Sternzeit befand sich die Erde noch immer in einem glühenden Zustand. Zeitgleich erfolgte eine erste ionische Besiedlung der Erde durch humanoide Seelen, Engelwesen, Elfen und die Stammväter der späteren irdischen Drachen. Ansonsten aber tobten weiterhin die Chaosgötter.

**Vor 4500 bis 580 Mio. Jahren: Präkambrium (Urzeit)**
Die erste Formation des Präkambrium, das Archaikum vor etwa 4500 bis 2000 Mio. Jahren wurde weiterhin geprägt durch den großen Krieg der Drachen gegen die Elfen. Während dieser Zeit bildeten sich die Urkontinente und Urmeere heraus. Sie wurden im Krieg errichtet!

Im Algonkium, der zweiten Formation des Präkambriums, vor etwa 2000 bis 580 Mio. Jahren kam es dann zu einem noch größeren planetarischer Krieg der herbeigerufenen 33_3 gegen die Chaosgötter, der mit deren Vertreibung aus unserem Sonnensystem endete. Hierzu schlossen sich erstmals die Drachen und Elfen in einer Allianz mit den 33_3 zusammen. Auf der Erde kam es währenddessen zu ersten gebirgsbildenden und vulkanischen Vorgängen. Das Algonkium und mit diesem das Präkambrium, die Urzeit, endete mit der Zerstörung Dragons (Phaetons) durch Shiva-Loki, einen der 33 Naturgottheiten, welche mit ihren Nachkommen auch als *Alte Rasa* oder *Tengris* bekannt wurden.

Es ist uns heute leider nicht mehr möglich, die wechselhaften Allianzen des großen und planetarischen Krieges im Detail herauszuarbeiten. Dass es diese Schlachten um die Vorherrschaft auf Erden, die in Wirklichkeit ja ein großer einziger Krieg waren, gegeben hatte, noch bevor sich die Erde überhaupt abkühlen konnte, steht hingegen außer jeglichem Zweifel. Wenn man so will tobt der Kampf zwischen den Dunkelmächten und den Mächten des Lichtes in ihren unterschiedlichsten Facetten und Erscheinungsformen ja noch bis heute und wer weiß, ob er je enden wird.

Handelt es sich bei den Elfen und deren Nachkommen, den Elben, in Wirklichkeit um Engel?

Was hat es mit den gefallenen Engeln und der wahren Rolle des JHWH im irdischen Drama auf sich?

Waren die Drachen in Wirklichkeit Anunnaki oder vielleicht ein lichter Gegenentwurf zum bösen Reich der Reptiloiden und biblischen Anakim?

Welche Rolle spielen die Elohim, die Nefilim, die Archonten, Asuras, Zetas?

Wer ist gut? Wer ist böse? Wer ist wer? Um es kurz zu machen: Wir wissen es nicht und können uns daher einzig und allein auf unser Gespür verlassen, wenn wir mit diesen Wesen in Kontakt treten. Nicht an ihren Worten, sondern an ihren Taten werdet ihr sie erkennen und mehr noch an der Ausstrahlung, die sie auf euch haben, habt ihr ihren äußeren Glanz erst einmal durchschaut.

Jedenfalls kann man seit dem Präkambrium bereits von einer „ätherische" (feinstoffliche) -also nicht mehr bloß „ionischen" (seelischen) Besiedlung der Erde durch die Menschen und andere humanoide Wesen ausgehen. Die heutigen Naturwissenschaften attestieren für diese Zeit ferner die Entstehung des Lebens, also organischer Moleküle, auf Erden.

**Vor 580 bis 220 Mio. Jahren: Paläozoikum**
vor 580 bis 500 Mio. Jahren: Aus dem Kambrium stammen die ersten fossilführenden Sedimente. Man spricht hierbei von der "kambrischen Explosion", welche durch erhöhte Sonneneinstrahlung (Sonnenstürme) und einer anschließenden Abschwächung der Strahlungsintensität ausgelöst wurde.

Vor 500 bis 440 Mio. Jahren: Ordovizium
(Seeigel, Muscheln, Wirbeltiere)

Vor 440 bis 400 Mio. Jahren: Silur
(erste Landpflanzen nachweisbar)

Vor 400 bis 350 Mio. Jahren: Devon
Ab dem Devon kann man bereits von den Anfängen des einheitlichen Menschenreichs Ur auf Erden ausgehen. Zu Ur-Zeiten, im Devon, war die Erde noch leichter und ihre Schwerkraft entsprechend geringer, weshalb die Uren noch die Größe von Riesen hatten. Zugleich ging die Drachenherrschaft des Stammvaters der irdischen Drachen, Dracon, an Varisca über.

Vor 350 bis 280 Mio. Jahren: Karbon
Im Karbon erfolgte ein verstärkter Zuzug von Orionern nach Ur. Zeitgleich bricht ein Krieg, der sogenannte „kleine Krieg" der irdischen Drachen gegen die Elfen aus, welcher bis Mitte des Perm andauern sollte.

Vor 280 bis 220 Mio. Jahren: Perm
Nadelbäume breiten sich aus, das Reich Ur liegt jedoch in Agonie. Mit dem Aufkommen der Dinosaurier im Mesozoikum verschwindet die sogenannte *erste Welt*, Ur, von der Erdoberfläche. Man erzählt sich, JHWH hätte Ur durch den Abzug seiner Elohim und Engel im Kampf gegen die Zetas und Chaosgötter dem Untergang preisgegeben. Möglicherweise war aber auch er der eigentliche Zerstörer?!

**Vor 220 bis 65 Mio. Jahren: Mesozoikum mit seinen drei Formationen Trias, Jura und Kreide**
Das Mesozoikum gilt als Erdzeitalter der Dinosaurier. Zugleich war es die Zeit der mu-lemurischen Kultur und des mu-lemurischen Menschen, welcher mit Hilfe der Sirianer und Drachen ein zumeist friedliches Leben führten.

Vor 220 bis 190 Mio. Jahren: Trias
Während des Untergangs von Ur, gelingt es einer Allianz aus Sirianern und Drachen, einen Teil der irdischen Ur-Bevölkerung im Reiche Mu-Lemurien zusammen zu fassen.

Vor 190 bis 135 Mio. Jahren: Jura
Vor 135 bis 65 Mio. Jahren: Kreide
Beide Formationen werden durch Riesensaurier beherrscht. Es galt das Recht des Stärkeren. Mu-Lemurien hingegen florierte und entwickelte sich nach den Grundsätzen des Mitgefühls, der Solidarität und Kooperation.

## Vor 65 Mio. Jahren bis heute: Neozoikum mit seinen beiden Formationen Tertiär und Quartär

Vor 65 bis 1,5 Mio. Jahren: Tertiär
Die plejadischen Kulturen treten erstmals auf Erden auf und besiedeln den damaligen Kontinent Atlantis. Diese nach Ur und Mu-Lemurien sogenannte *dritte Welt* durchläuft in den etwa 64 Mio. Jahren ihrer Existenz (Tertiär) u.a. eine anarchische, eine republikanische sowie eine diktatoriale Phase. Man kann auf von einem goldenen, silbernen, ehernen und eisernen Zeitalter sprechen. Von einem Imperium kann man seit der Gründung der atlantischen Republik sprechen.

Vor etwa 10 Mio. Jahren führte die Kreuzung von Affen mit Lemuriern zum Entstehen der Menschenaffen.

Vor etwa 5 Mio. Jahren führte die Kreuzung von Menschenaffen mit Lemuriern zur Entstehung erster Hominiden.

Vor etwa 3,9 Mio. Jahren erfolgte ein verstärkter Beschuss mit Teilchen aus dem Weltraum. Aus den Hominiden gingen infolgedessen nach und nach verschiedene Urmenschenrassen hervor.

Vor etwa 2,5 Mio. Jahren kam es dann zur Entstehung des Homo habilis, welcher "erstmals" die menschliche Sprache entwickelte. Er war ein Steinewerfer und Aasfresser.

Vor etwa 2 Mio. Jahren erhob sich der Homo erectus. Er ist der erste Mensch mit einem durchgehend aufrechtem Gang. Vermutlich hatte er seine Körperbehaarung bereits verloren. Mit ihm setze auch die Pärchenbildung ein und damit die klassische menschliche Familie.

Schon bald nach seinem Auftauchen beginnt der Homo erectus damit Afrika zu verlassen und sich in Europa und Asien auszubreiten.

Beide, der Homo habilis und der Homo erectus lebten eine zeitlang parallel. Vor etwa 1,6 Mio. Jahren starb der Homo habilis dann aus. (Vermutlich gelang ihm nicht die Anpassung an sich verändernde Klimabedingungen.)

Vor 1,5 Mio. Jahren beginnt das Quartär, welches in Pleistozän (Diluvium) und Holozän (Alluvium) eingeteilt wird.

Vor möglicherweise 1 Mio. Jahren (oder schon zuvor) erlernte der Urmensch - ein Experiment der technisch sehr weit fortgeschrittenen Atlanter - die Nutzung des Feuers.

Die ersten Millionen Jahre des Pleistozäns verlaufen ohne größere Zwischenfälle. Ab 600.000 Jahren versinkt jedoch dann Atlantis schubweise im Meer und mit dem dadurch erstmals auftretenden Golfstrom erwärmt sich Nordeuropa. Die großen Eis- und wärmeren Zwischenzeiten treten auf, in welche später die Existenz einer Altsteinzeit ("Paläolithikum") historisch konstruiert wird.

Vor etwa 500.000 Jahren folgt der Neandertaler (Homo neandertalensis) dem Homo erectus und siedelt im Nahen Osten. Vor etwa 230.000 Jahren erreicht er dann Europa. Eine zuvorige Besiedlung Europas war aufgrund der Existenz Atlantis', also der Nicht-Existenz des Golfstroms und dem damit zusammenhängenden Permafrostboden in ganz Eurasien nicht möglich. Das nördliche Medizinrad lag unter festem Eis verborgen.

Vor etwa 450.000 Jahren: Besiedlung der Erde durch da'Aria aus dem Sternbild Kleiner Bär

Vor etwa 450.000 Jahren trafen (nach Sitchin) die ersten Anunnaki auf der Erde ein.

Vor etwa 260.000 Jahren: Besiedlung der Erde durch die h'Aria aus dem Sternbild Orion

Vor etwa 200.000 Jahren: Besiedlung der Erde durch die Swjatorussen aus dem Sternbild Großer Bär

Ebenfalls vor etwa 200.000 Jahren erscheint der Homo sapiens, von dem wir heutzutage alle abstammen, als Nachfolger des Homo erectus. Möglicherweise liegt seinem Erscheinen eine genetische Manipulation des Homo erectus durch die Anunnaki zugrunde.

Schon kurz nach seinem ersten Erscheinen spaltet sich der Homo sapiens in die heutigen San (*Buschmänner*) und den Rest der heutigen Weltbevölkerung. Vielleicht waren die San auch ein erster Züchtungsversuch durch die Anunnaki?

Vor etwa 170.000 Jahren: Besiedlung der Erde durch die Rassenen aus dem Sternbild Beta-Löwe. Die vier aryanischen Rassen waren nun komplett erschienen.

Vor etwa 150.000 Jahren erfolgte die Domestizierung des Wolfs, als erstem Tier, weshalb wir noch heute eine tiefe Verbundenheit zu diesem Wesen verspüren. Vor etwa 135.000 Jahren traten dann die ersten Hunde auf. Oder waren es die Rassenen, die den Hund mit sich führten?

Vor etwa 120.000 Jahren: Untergang Daarias (Hyperboräa) und Beginn des Fimbulwinters (= Würm-Eiszeit)

Vor etwa 100.000 Jahren trat der Homo sapiens seinen bis heute anhaltenden Siegeszug um die Welt an.

Vor etwa 45.000 Jahren erscheint der Cromagnon-Mensch, der europäische Ableger des Homo sapiens, in Europa. (Es gab auch noch andere Gruppen, aber die Bezeichnung *Cromagnon-Mensch* hat sich für alle autochthonen Europäer durchgesetzt.)

Beide, der Cromagnon-Mensch und der Neandertaler werden in Europa etwa 15.000 Jahre(!) neben- und miteinander leben.

Vor etwa 40.000 Jahren, in der "oberpaläolithische Revolution" erblühen Kunst und Kultur. Spätestens jetzt kann von einer komplexen menschlichen Sprachbeherrschung ausgegangen werden. Wir sprechen vom „modernen" Homo sapiens.

Vor etwa 30.000 Jahren stirbt der Neandertaler in Europa und mit diesem (mit Ausnahme des Homo sapiens) der letzte Abkömmlings des Homo erectus. Seit etwa dieser Zeit gilt auch die Webkunst als nachgewiesen. Erste gefundene Darstellungen von Göttinnenfiguren.

Vor etwa 10.000 oder 11.000 Jahren geht Atlantis endgültig unter. Seine überlebenden Völker flüchteten sich in die ganze Welt. Zur gleichen Zeit beginnt das Holozän (Alluvium) und mit ihm die mittlere Steinzeit.

Spätestens mit dem Untergang von Atlantis hatten sich auch die irdischen Drachen in vier Linien geteilt, die schwarze, rote, weiße und gelbe Linie. Die *vierte Welt*, Babylon, ward geboren. Die Anunnaki stritten mit den Drachen um Vorherrschaft. Die fünf Medizinräder beginnen sich zu drehen.

Vor etwa 9400 Jahren entsteht die erste nachgewiesene nachatlantische Töpferei.

Vor etwa 9000 Jahren erfolgte die Domestizierung der Katze, welche zunächst auf Zypern nachgewiesen wurde.

Vor etwa 8000 Jahren beginnt dann die jüngere Steinzeit mit der neolithischen Revolution. Viehzucht und Vorratshaltung kommen auf. Es entstehen die fünf Haustierrassen, die sich im Prinzip bis heute in ganz Europa und weiteren Teilen der Welt gehalten haben: Pferde (Esel); Kühe; Schweine; Ziegen und Schafe. Und natürlich gibt es auch Geflügel.

Vermutlich waren es die Anunnaki in Form von Isis und Osiris oder des südamerikanischen Maisgottes, welche die Nutztierrassen und Getreide (Mais, Reis, Weizen, Kartoffel...) genetisch erstellten und den Menschen zur Ernährung schenkten. Oder die Aryaner?

In der autochthonen Bevölkerung Europas bildet sich zumindest bis zur Ankunft der Bandkeramiker und vermutlich auch noch hierüber hinaus ein europäisches Matriarchat heraus.

Vor etwa 7500 bis 6900 Jahren entsteht mit der sich europaweit ausbreitenden Kultur der Bandkeramiker in großen Teilen das heutige Landschaftsbild mit dem gängigen Ackerbau und den fünf Nutztierrassen. Die Bandkeramiker waren Nachkommen der Hyperboräer mit anderen eurasischen Völkern, aber keine Indoeuropäer.

Nachfolgekulturen der Bandkeramiker waren u.a. die Hinkelsteinkultur, Rössener Kultur, Michelsberger Kultur, nördliche Streitaxtleute (Kurganen), Glockenbecherkultur und die bereits in die Bronzezeit gehörende Urnenfeldkultur.

Das enge Zusammenleben mit den Tieren und die Vorratshaltung bringen auch Probleme mit sich: Krankheiten und Kriminalität nehmen zu.

Vor etwa 5800 Jahren: Erneutes massives Auftreten der Anunnaki auf Erden. Sie entsprechen den *Anakim* der Bibel. Die sumerische Keilschrift und Kultur entsteht.

Spätestens jetzt wird die Welt von neuen Kämpfen aufgewühlt: Anunnaki gegen die Asen (Hyperboräer) im Ringen um die entstehenden Hochkulturen. Tengris gegen Asuras im ewigen Kampf. Nomadentum gegen Sesshaftigkeit. Assyrer gegen Babylonier. Archonten und Jahwe gegen Elahi (die schwarze Zentralsonne) und Christo. Die Dunkelmächte gegen die lichte Geschwisterschaft. Die Elohim gegen die Zetas/Asuras/Archonten. Asen gegen Vanen. Kauravas gegen Pandavas. Shambhala gegen Agartha und immer so fort.

Der ursprüngliche große Krieg der Drachen gegen die Elfen war nur der Auftakt aller kriegerischen Auseinandersetzungen weltweit. Es ist immer wieder interessant zu sehen, wie sich das Reptiloide und das Schöpferische im Menschen die Hand reichen, ihn in wechselhaftem Spiel durchdringen. Letztendlich kann dieser bis heute anhaltende Krieg (mit immer neuen Gesichtern) nur in unserem Herzen gewonnen werden, wenn wir jeweils beide Seiten in Liebe annehmen, unser Göttlich-Erhabenes gleichermaßen wie unsere tiefsten Abgründe. Wir dürfen in uns das Lichte wie das Dunkle lieben.

Vor etwa 5.500 Jahren: Das weltweite Matriarchat der Menschen verwandelte sich in Dürre- und Kriegsgebieten in ein anhaltendes Patriarchat.

In Mesopotamien (erneut nach Sumer), Ägypten (etwa vor 5100 Jahren), Zentralamerika und am Indus entstehen unter postatlantischem und insbesondere auch sumerisch-anunnakischem und/oder aryanischem Einfluss etwa zeitgleich patriarchale Hochkulturen.

Die mesopotamischen Kulturen sind semitischen Ursprungs. Akkadisch ist eine semitische Sprache, zeitlich vorausgehend, verwandt mit dem Hebräischen, Aramäischen, Phönizischen und Kanaanitischen.

Unseres Erachtens ist die semitische Kultur eine patriarchale Kultur der Anunnaki und Archonten (Asuras) – sie verfügt deshalb über zwar über reptiloides Know-How, aber über keinerlei Drachenwissen. Diese werden von ihr bis aufs Messer bekämpft. Vermutlich stammt aus dieser Zeit die enge Freundschaft der Druiden mit den Drachen.

Vor etwas 5000 Jahren leben die Proto-Indoeuropäer – eine Kultur der Drachen - in der südrussischen Steppe. Sie waren Pferdeleute, keine Ackerbauern. Nördlich von ihnen wohnten die wildbeutenden Uralier, welche das Pferd von Ersteren übernahmen und ehrten als diese längst sesshaft geworden waren. Beide Völker bildeten den Grundstamm der heutigen Eurasier.

Zugleich befand sich die alteuropäische Zivilisation (Matriarchat) auf ihrem Höhepunkt.

Vor etwa 4900 Jahren erfolgt dann der Einfall erster indoeuropäischer Hirtenvölker in Europa. Spätestens jetzt wird dem autochthonen Matriarchat ein jähes Ende bereitet, wenn auch die später nachfolgenden Kelten noch immer halb/halb waren, also halb dem Muttergottheiten und halb den Himmelsgöttern verbunden, so setzte sich in ihrer Adelsschicht und im Volk doch immer mehr das Himmlische, Männliche, Kriegerische durch (im Gegensatz zur irdischen, matriarchalen Friedfertigkeit).

Die Bronzezeit setzt in Mitteleuropa vor etwa 3700 Jahren ein.

Von vor etwa 3200 Jahren an breiten sich die Protokelten in Europa aus.

Die Eisenzeit beginnt vor etwa 2800 Jahren. Diese wird in Europa insbesondere durch die Kelten geprägt, welche neben vielen kulturell schaffenden Menschen auch über die besten Eisenschwerter der Antike verfügten. Eisenzeit ist Kriegszeit. Sie wird durch ganz *Babylon* hindurch bestehen.

Vor etwa 2600 Jahren: Frühminoische Kultur auf Kreta (= Stierzeitalter)

Auf 800 bis 400 vor Chr. wird die keltische Hallstattzeit dotiert. Die keltische Latènezeit auf 400 v. Chr. bis ins Jahr Null. Sie endet sodann durch das Vorrücken germanischer Stämme aus dem Norden und die gleichzeitige Ausdehnung des römischen Reiches von Süden her. (Gründung Roms: 509 vor Chr.) Die nun folgende Herrschaftsgeschichte ist weitestgehend erforscht und bekannt. Die Kelten selbst bestehen bis in die heutige Zeit hinein als europäisches Substrat sowie in den noch immer keltischen Nationen.

Am 21.12.2012 ging dann Babylon zu Ende. Wir leben nunmehr in der Wiege eines neuen golden Zeitalters, welches von der DRACO-Stiftung SAPO (Kröte) genannt wird.

## Fazit aus Dracas Durchsagen und weitere Überlegungen

Der heutige Mensch hat weit über die Geschichte seines Heimatplanetens hinausreichende Wurzeln. Die ersten menschlichen Seelen existierten bereits vor Entstehung der Erde. Der Mensch stammt also definitiv nicht vom Affen ab. Der heutige Homo sapiens, jene Menschen, die vor etwa 200.000 Jahren erstmals in Afrika auftauchten, hatten u.a. lemurische (teils sirianische) sowie atlantische (ursprünglich plejadische) Wurzeln.

Auch der eine oder andere Zetaabstammling mag unter uns sein, aber wir sollten diese hier nicht zu hoch bewerten. Selbst wenn die Zetas in ihrem Ursprung vermutlich auf die Chaosgötter zurückgehen, hat auch deren Existenz in der Welt letztendlich immer nur zur Verbesserung, Weiterentwicklung und Evolution geführt. Das "Chaotische" oder gar "Böse" in uns, ist ein notwendiger Teil unserer menschlichen Entwicklung. Es liegt an jedem Einzelnen, dafür zu sorgen, dass es nicht die Oberhand gewinnt. Zetas = Asuras = Archonten.

Der heutige Homo sapiens verfügt zudem in geringerem Maße über Einkreuzungen der Nachfahren des Homo erectus, wie dem Neandertaler (in Europa und dem Vorderen Orient) bzw. des Java-Menschens im Falle der Aborigines. Letztgenannte, die Aborigines, tragen möglicherweise sogar noch kleine Einsprenglungen reinen lemurischen Blutes in sich.

Die erstem Menschen wiederum waren eine Kreuzungen lemurischer Einwohner (oftmals sirianischen Ursprungs) mit Menschenaffen beziehungsweise 5 Mio. Jahre später nochmals mit Affen - zwecks der geplanten Gewinnung von Arbeitern und Soldaten für das atlantische Imperium. Die Lemurier sind deshalb in meinen Augen die eigentlichen Menschen, wenn man von den Überbleibsel der Atlanter und all jener anderen irgendwann hier durch das Urbild des Menschen inkarnierter Wôlgmare unterschiedlichster kosmischer Herkunft einmal absieht.

In den Lemuriern ihrerseits zirkuliert neben ihrem sirianischen Blut auch noch jenes der ursprünglichen Uren. Manche sprechen daher auch von *Lem-uren* oder *Uriern*.

Die direkten Nachfahren der Lemurier, wenn auch mittlerweile mit Homo sapiens eingekreuzt, waren u.a. die Maya und Anasazi sowie die noch heute lebenden pazifischen Inselvölker inklusive der Hawaiianer. Vermutlich auch die westafrikanischen Dogon, welche noch weit in die heutige Zeit hinein Kontakt zu den Sirianern in Form von Delfinen hielten. Auch die Kogi und Hopi stammen noch aus dieser Zeit (sogar aus Mu-Lemurien!) Die Hopi flüchteten mithilfe der Siriu (Huna/ Kachina). Die Azteken und Inka wiederum sind atlantische Nachfolgevölker. So waren die Indianervölker teils lemurisch, teils atlantisch und teils Nachfahren nordostasiatischer Völker, die vor etwa 15 bis 35.000 Jahren in drei Einwanderungsschüben über die zugefrorene Beringstraße auf der Suche nach Nahrung einwanderten.

Hinzu kommt laut neuester Forschung der nicht geringe Anteil von Nachfahren europäischer Homo sapiens-Populationen, die während der Eiszeit am südlichen Rand des zugefroren Nordpolarmeeres fischend - auf der Suche nach besserem Wetter - mit ihren Kanus entlang fuhren und blieben.

Auch die San oder die afrikanischen Pygmäen rechne ich heute aufgrund der Einkreuzungen mit den großwüchsigen Negerrassen wie selbstverständlich zum Homo sapiens, wenn ihre Art auch ursprünglich auf eine noch andere Menschenrasse (oder eine lemurische Zwergenrasse) zurückging. Deshalb möchte ich alle momentan auf Erden lebenden Menschen in ihrer Gesamtheit definitiv zum Homo sapiens rechnen, da sie aufgrund der stattgefundenen Einkreuzungen mittlerweile allesamt einen gemeinsamen Genpool teilen - orionische, atlantische, Homo erectus und andere Einsprengsel eingeschlossen. Wenn auch der Einfluss der Hyperboräer auf die eurasischen Völker und Hochkulturen dieser Welt bei diesen Überlegungen noch weitestgehend unbeachtet blieb, so ändert er doch nichts an den Tatsachen der gemeinsamen Abstammung aller heutigen Menschen. Sie alle sind einzigartige Lichtwesen!

Ergebnis: Alle äußeren Unterschiede der heutigen Menschen sind erst neuesten Datums (aufgrund von natürlicher Auslese, Schönheitsidealen oder aus der Isolation heraus entstanden). In Wirklichkeit gleichen wir uns genetisch in einem frappierenden Maße, welches allem negativen Rassismus endgültig den Boden unter den Füßen wegziehen sollte!

An dieser Stelle meldete sich wieder Draca:

**Im Prinzip bestätigen unsere Durchsagen zur Herkunft des Menschen die biblische Genesis:**

**- Die Schöpfung und Lichtwerdung der Welt (u.a. durch Engelwesen) im Präkambrium sowie durch den Befehl der galaktischen Ursonne (Jahwes) zur Verdrängung der Chaosgötter durch die 33_3.**

**- Sodann die paradiesischen Zustände Mu-Lemurien ("zweite Welt") sowie dessen Zerstörung ("Fall") durch einen Meteoriten.**

**- Schließlich Kains Brudermord, ein Symbol für die Unterdrückung und Versklavung der Lemurier durch die Atlanter. Das Kainsmal ist in Wirklichkeit das Zeichen der Atlanter.**

- Auch du trägst dieses Zeichen, denn auch du hast den Untergang Atlantis' noch mit dem eigenem Leib miterlebt. Es ist ein umgekehrtes Dreieck, welches energetisch auf der Stirn eingebrannt wurde.

- Heutzutage lebt dieser Ritus noch in der christlichen Taufe weiter. Die wahre *Taufr* besteht allerdings darin, den neugeborenen Menschen unter fließendes Wasser zu tauchen!

- Kains Nachkommen sind die verschiedenen atlantischen Stämme. Doch die Atlanter vergingen sich abermals an den hübschen Frauen der Lemurier. Moses 6, 1-4 berichtet davon.

- Ihre Hybris steigt weiter an und es kommt zum endgültigen, kristallinen Machtmissbrauch, welche in der Sintflut, dem Untergang Atlantis und auch Lemuriens endet. Nur wenige überleben.

- Zuvor bekommt noch Noah „von oben" den Auftrag zum Bau seiner Arche.

- Und wieder geht Jahwe einen Bund mit den nach wie vor den anderen Völkern technologisch überlegenen Atlantern ein. Auch die Bundeslade ist ein Zeugnis hiervon.

- Die Hochkulturen zu Mesopotamien, Ägypten, am Indus, in China und in Zentralamerika entstehen.

- Die verschiedenen Völker derivieren. Mit ihnen entsteht ein Sprachengemisch. Konnte man sich bisher noch auf Atlanto-Quenya unterhalten, ist dies nunmehr spätestens mit dem Turmbau zu Babel vorbei.

- Die Rolle des Jahwe (JHWH) und seiner Archonten in den gnostischen Schriften von Nag-Hammadi wird zu untersuchen bleiben!

Folgende herrschaftlichen Geschichtsdaten wurden abschließend von mir nachgetragen

**Altertum (753 v. Chr. - 476 na. Chr.)**
Das Altertum beginnt 753 v. Chr. mit der (sagenhaften) Gründung Roms und endet 476 nach Chr. mit dem Untergang des Weströmischen Reiches. In Europa wird es neben dem römischen Reich noch durch die griechische Geschichte und später dann auch durch das Aufkommen des Christentums geprägt.

Römisches Reich
753 v. Chr.: Sagenhafte Gründung Roms
510 v. Chr.: Rom wird Republik
387 v Chr.: Einfall der Gallier unter Brennus
311-309 v. Chr.: Krieg gegen die Etrusker
264- 146 v. Chr.: 3 Punische Kriege gegen Karthago
73-71 v. Chr.: Sklavenaufstand unter Spartacus
52 v. Chr.: Unterwerfung von Vercingetorix
44 v. Chr.: Ermordung Julius Cäsars
4 v. Chr.: Geburt des Jesus von Nazareth
9 n. Chr.: Schlacht im Teuteburger Wald

Außerdem während dieser Zeit
490 v. Chr.: Die Griechen besiegen die Perser unter Dareios I. in der Schlacht bei Marathon

480 v. Chr.: Schlacht bei den Thermopylen und sodann die Seeschlacht von Salamis, in welcher die Perser zunächst endgültig niedergerungen werden.

331 v. Chr. schlägt Alexander in der Schlacht von Gaugamela erneut die Perser unter Dareios III. vernichtend.

**375** nach Chr. beginnt mit dem Erscheinen der ersten Turkvölker in Europa (hier: Hunnen) die Völkerwanderungszeit, welche letztendlich nach vielen Wirren gute 100 Jahre später (476) zum Untergang des Weströmischen Reiches führt (= Ende des Altertums)! Die genauen Ursachen für den Untergang des weströmischen Reiches liegen jedoch nach wie vor im Dunkeln.

378: Die Schlacht von Adrianopel (heute Edirne) war mit ca. 20.000 Toten die schwerste Niederlage der Römer gegen germanische Krieger seit der Varusschlacht (9 n. Chr.).

395 Reichsteilung in West- und Ostrom
(Das Oströmische Reich hatte Bestand bis 1453.)

## Mittelalter (476-1492)
Das Mittelalter beginnt 476 mit dem Untergang des Weströmischen Reiches und endet 1492 mit der "Entdeckung" Amerikas und der Rückeroberung des letzten Kalifates auf spanischem Boden.

### Frühes Mittelalter (476 - 911)
In der Zeit von 476-911 sprechen wir vom frühen Mittelalter. Die Germanen nutzen das entstandene Machtvakuum und errichten ihre Reiche auf "römischem" Boden.

443-532 Burgunderreich in Lothringen; geht ans Frankenreich über
449-1066 England unter den Angelsachsen; dann Herrschaft der Normannen
486-751 Frankenreich der Merowinger in Frankreich; abgelöst durch die Karolinger (Hausmeier)
489-553 Ostgotenreich in Italien nach einer militärischen Niederlage gegen Ostrom
507-711 Westgotenreich in Spanien; vernichtet nach einer Niederlage gegen ein muslimisches Heer
568-774 Langobardenreich in Italien; von Karl dem "Großen" zerstört

768 Karl „der Große" wird alleiniger Herrscher des Frankenreiches
800: Kaiserkrönung Karls in Rom

843: Vertrag von Verdun: Teilung des Reiches in Ostfranken (Deutschland), Westfranken (Frankreich) und ein italienisch-lothringisches Mittelreich

Nach dem Aussterben des letzten ostfränkischen Karolingers war Deutschland zerstritten zwischen den Stämmen der Sachsen, Bayern, Franken, Schwaben und Lothringer.

Bedeutsame Schlachten des frühen Mittelalters
Etwa 722: Sie Schlacht von Covadonga leitet die spanische Reconquista ein.

732 Schlacht von Tours und Poitiers: Die Franken unter Karl Martell besiegen die muslimischen Araber und stoppen so deren Vormarsch in Europa

Hochmittelalter (911-1268)
Das Hochmittelalter wird geprägt durch das Errichten des Römischen Reiches deutscher Nation und endet mit dem Untergang der Staufer.

**911 Geburtsstunde des Römischen Reiches deutscher Nation**, wenn dies auch erst später so genannt wurde. Nach Konrad I. von Franken, dem ersten "deutschen" König folgt das sächsische Haus (919 - 1024), das fränkische oder salische Haus (1024 – 1137) und schließlich die (schwäbischen) Staufer (1238 - 1254).

Bedeutende Schlachten des Hochmittelalters
955 Otto der Große schlägt die Ungarn vernichtend auf dem Lechfeld.

1268 endet im Prinzip auch das Hochmittelalter. Es war Mit dem Tod (Hinrichtung) des letzten Staufers Konradin auch eine Zeit des Machtkampfes zwischen Kaiser und Papst, zwischen Staufern und Welfen, der Kreuzzüge, der Inquisition, Hexenverbrennung und Verfolgung Andersgläubiger.

Spätes Mittelalter (1268 - 1492)
Es folgt eine Zeit des Interregnums (1247 - 1272); sodann insbesondere das Haus Luxemburg (1346 – 1437) gefolgt von den Habsburgern (1438 – 1740).

Geprägt wird das späte Mittelalter u.a. durch den Aufstieg des Bürgertums und die Entwicklung eines Beamtenstaates (weg vom Feudalwesen), aber auch beispielsweise durch den 100jährigen Krieg zwischen England und Frankreich (1328- 1453).

1356 Die goldene Bulle regelt die Grundordnung im Deutschen Reich

1453 unterliegt das Byzantinische Reich in der Schlacht von Konstantinopel gegen die Osmanen nachdem es 395 n. Chr. durch Teilung entstand und somit über 1000 Jahre bestand.

**NEUZEIT (1492 - 1918)**

Die Neuzeit kündigt sich bereits 1453 im Untergang des oströmischen (byzantinischen) Reiches nach Belagerung durch die Türken an und beginnt sodann mit der Entdeckung Amerikas und dem Fall von Córdoba.

Die Neuzeit wird gekennzeichnet durch Reformation und Aufklärung, den 30jährigen Krieg und die Neuordnung Europas im Westfälischen Frieden von 1648; sodann jedoch auch durch die Französische Revolution, aus welcher letztlich Napoleon als Sieger hervorgeht.

1517 Beginn der Reformation mit Anschlag der 95 Thesen Luthers in Wittenberg

1571 Seeschlacht von Lepanto: Ein Heer christlicher Ritter gelingt ein Sieg gegen das Osmanische Reich

1648 Der Westfälische Friede beendet den 30jährigen Krieg. Die europäische Staatenordnung wird wieder hergestellt.

1683 Die Schlacht am Kahlenberg beendet die zweite Wiener Türkenbelagerung

1789-1795 Französische Revolution

**1806 Ende des Römischen Reiches deutscher Nation**, nachdem der letzte deutsche Kaiser Franz II aus dem Hause Habsburg von Napoleon gezwungen wird, die deutsche Kaiserkrone niederzulegen. (Zählt man die Zeit ab Karl dem "Großen", so hatte auch dieses Reich über 1000 Jahre Bestand.)

**Bis 1871 zerfällt Deutschland in Fürstentümer.**

1813 Völkerschlacht bei Leipzig, die mit der Niederlage der französischen Revolutionstruppen endet

1814/15 Wiener Kongress: (Konservative) Neuordnung der europäischen Verhältnisse

1848 Märzrevolution in Deutschland: Nationalversammlung in der Frankfurter Paulskirche; Entstehung der politischen Parteien.

Die Märzrevolution wurde zwar niedergeschlagen, ihr Geist aber wirkte fort bis es dann 23 Jahre später zur Gründung des zweiten deutschen Reiches unter Reichskanzler Bismarck kam.

**1871-1918 "Zweites" Deutsches Kaiserreich**
(Gründung durch den Reichskanzler Bismarck)

1914-1918: Erster Weltkrieg

## ZEITGESCHICHTE (seit 1918)
Mit Ende des Ersten Weltkrieges 1918 kann man von "Zeitgeschichte" sprechen.

1919 Versailler Frieden und Gründung der Weimarer Republik
1933 Machtergreifung Hitlers "Drittes Reich"

**1938-1945 Zweiter Weltkrieg**

**1949 Vorläufiges Grundgesetz und Gründung der Kolonialverwaltung BRD (23. Mai)**
(Gründung der DDR am 7. Oktober des gleichen Jahres)
1951 Gründung der Europäischen Gemeinschaft
1968 Erster Mann auf dem Mond
1989 Mauerfall
1990 Wiedervereinigung Deutschlands
1992 Gründung der Europäischen Union mit dem Vertrag von Maastricht
2002 Einführung des Euro
2009 Inkrafttreten des Vertrages von Lissabon
    (sog. "Erweiterungsvertrag")

---

Wer möchte kann die menschliche Geschichte auch in drei Abschnitte unterteilen: die präatlantische Geschichte, die atlantische Geschichte und die postatlantische Geschichte. Man könnte hierbei sogar von "Tänzen" sprechen.

Soeben meldet sich Draca zu Wort:

Momentan befindet ihr euch in einer globalen Transformationszeit, welche u.a. die Bereiche Wirtschaft, Finanzen, Weltfrieden, soziale Gerechtigkeit, Ressourcen und Klima erfasst. Diese Problematiken können indessen nicht getrennt voneinander betrachtet werden - wie es immer noch häufig geschieht -, sondern müssen als globale, systemische Krise wahrgenommen werden, um sie zu begreifen. Nur dann wird die Menschheit die notwendige Einsicht und den Willen zur Umkehr aufbringen, durch simple Erweiterung/Änderung ihres Bewusstseins. Vom patriarchalen weg - hinein gelangend - in die Ränge, ins neo-kriegerische, maskuline, verbunden-feminine und Advaita-Bewusstsein der Einheit aller mit allen.

Momentan befindet sich die Menschheit in einer konkreten Phase des Endkampfes, wenn man so will zwischen "gut" und "böse" oder besser gesagt zwischen "Aussterben" und "Transformation". Ein "Weiterso!" - jedenfalls kann es schon lange nicht mehr geben. Die meisten aller Menschen spüren dies auch und doch werden sie noch immer von Angst und Gier genährt und können sich kein anderes Ende ausmalen als die globale Katastrophe. Die Erinnerung in ihren Genen an die Zerstörung vergangener *Welten* ist noch immer präsent. Dabei steht eine neue Erde schon längst zur Verfügung!

Unter dem Einfluss von Zetas (manche sprechen auch von Illuminaten) versuchen einige Familien wie die Rothschild, Rockefeller, Warburg und Co. die sogenannte "Neue Weltordnung" für die gesamte Welt von oben nach unten durchzudrücken. Dies allerdings wäre über kurz oder lang das Ende der Menschheit, wie wir sie kennen! Nur wenige wären in der Lage, das herannahende Harmagedon zu überleben. Der gerühmte Weitblick dieser Häuser ist eben nicht weit genug. Viele ihrer Mitglieder sind von Gier zerfressen. Vieles heutzutage erinnert ans damalige Atlantis. Wiederholt sich die Geschichte?

Nein, denn wie bereits mitgeteilt, steht - anders als damals - eine neue Erde längst zur Verfügung und muss nur noch enthüllt werden. Dieses, meine menschlichen Freunde, dürft ihr aber nicht missverstehen, denn dabei bedarf es eurer aller persönlicher Anstrengung! Zudem dürft ihr euch keine zweite materielle Erde vorstellen, denn eine solche gibt es für euch nicht! Erst müsst ihr gelernt haben, mit eurer eigenen nachhaltig und zum Wohle aller zu wirtschaften. Das Wissen um die bereit stehende zweite Erde ist daher gefährlich.

Es wird der gemeinsamen, geballten Kraft der wiederkehrenden holonen Drachen, der Sirianer, der verbleibenden Engelschöre, der Weißen Bruderschaft sowie der Menschen in den Rängen und einiger anderer hochentwickelter Geistwesen zu verdanken sein, dass der Tag Harmagedon vorläufig abgewendet wird. Die Neue Weltordnung "von oben" ist bereits gescheitert. Eine zweite, spirituelle Erde steht bereit und wird mit fortschreitendem Bewusstsein enthüllt.

Das weitere Ausmaß noch immer drohenden Unheils hängt davon ab, wie bald die genannten Familien und die mit ihnen kooperierenden Mächte von ihren Ambitionen der Weltherrschaft ablassen oder eben nicht! Es hängt allerdings auch von euch ab, von jedem einzelnen. Euer individueller Einfluss auf die globale Entwicklung ist immens!

Die einzig mögliche grundlegende Veränderung gesellschaftlicher und wirtschaftlicher Strukturen muss durch euch "von unten her nach oben" erfolgen. Sie muss getragen sein von dem, was wir als die fünf Bewegungen spiritueller Anarchie (Nr. 591) bezeichneten.

Das graue Element ist ein Element der Gier, der Rücksichtslosigkeit und der Angst. Und doch gilt es anzuerkennen, dass auch die ihm verfallenen Menschen eure Brüder und Schwestern sind. Und der einzig langfristig Erfolg versprechende Weg, sich ihnen und ihren Machenschaften entgegenzustellen, ist die Liebe!

**Wenn es nach uns Drachen geht allerdings immer auch gepaart mit etwas Humor, etwas Verweigerung und etwas Kampf! Einen Drachen und hierin liegt vielleicht unsere Besonderheit, macht die Liebe alleine nicht satt.**

(Die Übertragung stockt an dieser Stelle.)

**... diese Art der Geschichte, des Wissens und der Weisheit wäre meines Erachtens in euren Schulen zu lehren. Und wenn ein Studienrat oder Kultusminister erwidern würde, dass es hierfür keine Beweise gäbe, so wäre er für diesen schlauen Einwand zu loben...**

(Die Übertragung bricht an dieser Stelle ab.)

Natürlich handelt es sich bei dem Wissen der Kosmologie und Geschichte dieses Büchleins zunächst um gefühlte Wahrheiten - teils individuell gechannelt - teil kollektiv in der Menschheit verankert. Warum aber sollte dieses Wissen weniger zählen als das allgemein wissenschaftlich und kognitiv anerkannte? Ist das Gefühl nicht der primäre Ausdruck der menschlichen Seele? Was, wenn diese Wahrheiten helfen würde, die Menschen toleranter, achtsamer, kreativer und friedfertiger zu machen? Wenn es sie und ihr Wirken in einen größeren Sinnzusammenhang stellen würde? Darüber hinaus bin ich mir sicher, dass, würden diese kosmischen Geschehnisse als Tatsachen erst anerkannt, die Drachen auch dafür sorgen würden, dass entsprechende "handfeste Beweise" nachgeliefert werden. War nicht dereinst auch erwiesen, dass sich die Sonne um die Erde drehen würde und das Elektron um den Atomkern? Beides hat sich bekanntermaßen als falsch herausgestellt! Was überhaupt sind "gesicherte wissenschaftliche Erkenntnisse"? Ändern sich diese denn nicht permanent?! Weltanschauung und Wissen sind und bleiben modellhaft.

Betrachten wir uns das bis hierin Gesagte doch einmal im Hinblick auf das menschliche Bewusstsein

1. grundlegende Feststellung:
Es gibt kein einheitliches menschliches Bewusstsein, sondern verschiedene menschliche Bewusstseinsstufen auf diesem Planeten.

2. grundlegende Feststellung:
Diese Bewusstseinsstufen weisen Parallelen zur Entwicklung eines individuellen Menschens "vom Embryo zum Weisen" auf.

3. grundlegende Feststellung:
Auch wenn die verschiedenen Bewusstseinsstufen zumeist aufeinander abfolgen und sich hinsichtlich ihrer *Qualität* unterscheiden, kann doch keine ethisch-moralische Feststellung hinsichtlich "gut und schlecht" bzw. "gut und böse" getroffen werden.

4. grundlegende Feststellung
Sollte die Menschheit ihre jetzige Transformationszeit nicht überleben, wäre dies weiter nicht schlimm.

Ein Aussterben der Menschheit auf Erden durch selbst hervorgerufene Katastrophen (z.B. Klimaerwärmung; Ressourcenknappheit, Vernichtungskrieg oder Krankheit etc.) wäre keine universelle Tragödie. An anderen Orten gibt es andere humanoide Seelen...

5. grundlegende Feststellung
Sollte die Menschheit die jetzige Transformationszeit allerdings überleben, ist ihr Aufstieg in bisher ungeahnte Höhen denkbar.

6. grundlegende Feststellung
Die fünfte grundlegende Forderung wird sich erfüllen. Die Menschheit wird aus sich selbst heraus überleben und über ihre Ränge aufsteigen. Unser Anschluss an die galaktische und intergalaktische Föderation ist nur noch eine Frage der Zeit.

<u>Im Folgenden möchte ich die typischen heutzutage auf Erden anzutreffende menschliche Bewusstseinsstufen unterscheiden.</u>

1. Ein kleiner Teil der Menschheit ohne nennenswerten Einfluss lebt noch immer auf der Stufe der Jäger uns Sammler. Ich möchte dies als Cromagnon-Bewusstsein beschreiben. Man findet es beispielsweise in den Urwäldern Brasiliens oder Indonesiens.

2. das matriarchale Bewusstsein; man könnte es auch als "neolemurisch" bezeichnen. Es basiert auf Verehrung der Weiblichkeit, Gemeinschaftssinn und Tauschhandel. Eine entsprechende (friedliche) Gesellschaftsordnung lässt sich allerdings nur in isolierten Gebieten aufrechterhalten. In einer pathologisch patriarchalen oder auch nur patriarchalen Welt ist sie zum Scheitern verurteilt, da sie keine Mechanismen der Verteidigung kennt. Das "echte" Matriarchat ist dem äußeren Machtübergriff schutzlos ausgeliefert.

3. das pathologisch patriarchale Bewusstsein; man könnte es auch als "neoatlantisch" bezeichnen. Es ist ein heutzutage - der Göttin sein dank - nicht mehr das auf Erden überwiegende Bewusstsein. Es geht Hand in Hand mit neoliberalem Kapitalismus; der Ausbeutung anderer (Mutter Erde; Frauen; wirtschaftsschwächerer Völker etc.) sowie "negativem" Rassismus und Sexismus. Global gesehen bringt es nichts als Umweltkatastrophen, ungerechte Ressourcenverteilung, Krieg und Verbrechen (Terrorismus, Raub, Betrug, Vergewaltigung, Armut Verschmutzung des natürlichen Lebensraums etc.) hervor. Erst langsam sind wir dabei, uns vom Joch dieses "neoatlantischen" Bewusstsein zu befreien. Es war und ist verantwortlich für den heutigen desaströsen Zustand unserer Welt. Meines Erachtens ist dies heutzutage der vorherrschende Bewusstseinszustand von etwa 20% der Menschheit. Sein Einfluss auf das Gesamtgeschehen beträgt aber noch immer 43%.


4. Die nächste Bewusstseinsstufe würde ich als "industrielles Händlerbewusstsein" bezeichnen, welches erstmals mit der neolithischen Revolution aufkam. Es hält sich an die Gesetze der Zeit und versucht mit legalen Mitteln einen möglichst großen Profit für sich und seine Familie herauszuschlagen. Anders als das pathologisch patriarchale Bewusstsein schreckt es vor Gewalttaten und Verbrechen an der Menschheit zurück, unternimmt andererseits aber auch nichts, um diese zu unterbinden. Meines Erachtens verfügen etwa 34% der Menschen über dieses Bewusstsein. Sein Einfluss auf die Welt beträgt allerdings nur 28%.

4b. Wenn man so möchte haben das neoatlantische und industrielle Händlerbewusstsein, die Welt seit den letzten 6000 Jahren maßgeblich beherrscht und gestaltet. Beide zusammen möchte ich als "patriarchalisches Bewusstsein" bezeichnen. Seine Herrschaft basiert auf Trennung, Wertung und Fixierung.

5. Doch die Bewusstseinsentwicklung unserer Spezies schritt voran. Im Jahre 0 kam das Fischbewusstsein in die Welt. Es ist duldsam, aber nicht böse. Es ist ängstlich, aber wohlwollend. Es ist passiv erleidend, aber agiert nicht in desaströser Weise. Es ist Fisch, nicht Fleisch und stellt einen Wendepunkt zur menschlichen Weiterentwicklung dar. Seine berühmtesten Vertreter waren die Urchristen Roms. Auch die heutige evangelische Kirche ist ein Vertreter dieses Bewusstseins. Ansonsten stehen weder Jesus noch die katholische Kirche damit in irgendeinem Zusammenhang. Das Fischbewusstsein vermag es vielleicht, die patriarchalische Entwicklung etwas abzumildern, aufhalten wird es sie keineswegs. Der Einfluss dieses Bewusstseins auf die generelle Entwicklung beträgt lediglich 3%.

6. Was folgt ist das Bewusstsein der Ränge: Das kriegerische, bardische, schamanische und druidische Bewusstsein. In diesem Zusammenhang sollten wir vielleicht jeweils die Silbe "neo-" voranstellen.

6.a Das neo-kriegerische Bewusstsein erkennt die Problematik der heutigen global-systemischen Krise und verweigert sich den Mechanismen des Systems. Vegetarismus, Konsumverzicht, Pazifismus; Spiritualität, Anarchie, Ökologie, Naturschutz, Recycling, Energieeffizienz, der Einsatz für bedrohte Tierarten oder Völker, Ablehnung von Nationalitäten, Religionsverweigerung (Kirchenaustritte), die gelebte Gleichberechtigung der Geschlechter oder Ausländerfreundlichkeit sind nur einige Facetten dieses Bewusstseins

7. Das neo-bardische Bewusstsein erwächst aus dem Kriegerischen und ergreift über das Individuelle hinausgehende kreative Maßnahmen gegen das herrschende System: Greenpeace; Oxfam, Robin Wood, Amnesty international, Attac, Blockupy, cradle to cradle etc. pp sind nur einige wenige dieser aus dem Boden sprießenden und bereits etablierten Hilfsorganisationen bzw. Transformationskonzepte.

7.b Ich würde das neo-bardische Bewusstsein gerne auch als "maskulines Bewusstsein" bezeichnen, da die Menschen in ihm klaren Visionen folgen und diese zum Wohle aller verwirklichen. Immerhin mit einem Einfluss von 10% auf die aktuelle Entwicklung. Tendenz steigend!

8. Das neo-schamanisches Bewusstsein weiß von der Verbundenheit aller Dinge (Gaia, Mineralien, Pflanzen, Bäume, Tiere, Menschen, Naturwesen, Geister etc.) und trifft seine Entscheidungen im Hinblick hierauf und in Absprache mit denselben. Gleichermaßen drängt sich die Bezeichnung des neo-schamanischen Bewusstseins als "feminin" auf, da es sich in ihm um Empfänglichkeit, Bewahren und Hingabe handelt.

9. Das neo-druidische oder Advaita-Bewusstsein weiß von der Einheit aller Dinge. Es findet sich nicht nur in Indien oder im Tibet, sondern mittlerweile auf der ganzen Welt. Wenn ihm auch nur 1% der Welt angehören, so haben sie doch immerhin einen Einfluss von 5% auf das Gesamtgeschehen.

Nur 5% Anteil der Weltbevölkerung an diesem Bewusstsein würden reichen, um Sapo (= spirituelle Anarchie pazifistisch organisiert) endgültig herbeizuführen.

Was geschehen muss, um die Geschichte und das Geschick der Menschheit zu einem guten zu wenden ist der weitere Anstieg des Bewusstseins der Ränge!

## Übersicht über die heutigen menschlichen Bewusstseinsstufen

| Name | Prozentzahl der Weltbevölkerung | Einfluss auf die aktuelle Entwicklung |
|---|---|---|
| Cromagnon-Bewusstsein | 1 | 0 |
| matriarchales oder neolemurisches Bewusstsein | 1 | 1 |
| pathologisch patriarchales oder neoatlantisches Bewusstsein | 20 | 43 |
| industrielles Händlerbewusstsein | 34 | 28 |
| Fischbewusstsein | 20 | 3 |
| neo-kriegerisches Bewusstsein | 15 | 5 |
| neo-bardisches oder maskulines Bewusstsein | 5 | 10 |
| neo-schamanisches oder feminines Bewusstsein | 3 | 5 |
| druidisches Bewusstsein | 1 | 5 |

Im Sinne der DRACO-Stiftung bezeichnen wir die ersten beiden Bewusstseinsebenen als präpersonal-wild, die folgenden drei als präpersonal-bürgerlich und die kommenden vier als personal.

Wichtige Bestandteile der Lehre eines ganzheitlichen, kosmologischen, geschichtlichen und soziologischen Wissens sind u.a.:

- die Gleichstellung von Gottwesen und Universum
- dessen immanente Eigenschaften
- die Illusion von Raum und Zeit
- die Anerkennung der Elementarvölker
- der Ursprung menschlicher Seelen
- die vier Körper des Menschen
- die Existenz der 33_3 und die planetarischen Wirkprinzipien
- die Bedeutung der Drachen
- die Einflüsse Außerirdischer auf die menschliche Abstammung und Entwicklung
- die untergegangenen irdischen *Welten*
- Reinkarnation

- die Bedeutung des maskulinen und femininen Pols
- Warum ergänzen sich die beiden?

- die Kenntnis des Medizinrades und seiner Elemente
- der Jahreskreis mit seinen 13 Monden
- die Übergangsrituale in Siebenjahresschritten
- die acht Weihen und vier Ränge
- die vier Mysterien eines Menschenlebens
- die heutigen Bewusstseinsstufen

- die spirituellen Gesetze: Von den ewigen Menschengesetzen über die göttlichen Tugenden zum Druidengesetz

- die Herkunft des Homo sapiens und somit aller Menschen aus der gleichen Wiege
- Was sind unsere Gemeinsamkeiten?

- die Weiße Bruderschaft
- die Gleichberechtigung aller Religionen aus der gleichen Quelle
- Was sind ihre Gemeinsamkeiten?

- der Einfluss der Grauen in Finanzwesen, Politik und Wirtschaft
- das Verständnis des heutigen Herrschaftssystems mit seinen Säulen
- die Verdichtung der heutigen Situation zu einer globalen, systemischen Krise
- der Versuch der Errichtung einer Neuen Weltordnung von oben
- Wege zur Überwindung der systemischen Krise durch spirituelle Anarchie

usw.

Lassen Sie mich zu guter Letzt noch einen Ausblick auf zukünftige Zeitalter wagen.

Man muss verstehen, dass Zeit in Wirklichkeit weder linear, noch kreisförmig abläuft, sondern spiralförmig. Eine der besten Darstellungen ihrer *Qualitäten* ist der T'zolkin, der sogenannte Mayakalender. Auch im europäischen Kulturkreis ist die zyklische Vorstellung von Zeitaltern fest verankert. Zur Zeit befinden wir uns im Wassermannzeitalter. Schauen wir also kurz zurück, um sodann einen Ausblick auf die Zukunft zu wagen.

Nach der Entstehung und Entwicklung unserer Körper aus Sternenstaub und deren Beseelung durch bereits vorhandene Lichtfunken folgte die Menschheit bisher folgenden Hauptwegen:

Zunächst war da die **Urwelten von Ur, Lemurien und und Atlantis**, welche alle wiederum ihre eigenen Zeitalter und Zyklen besaß. Das meiste hiervon liegt allerdings mittlerweile in der Dunkelheit und dem Vergessen unserer heutigen Welt. Auch die Rolle von **Hyperboräa** muss neu überdacht und integriert werden!

Natürlich gab es auch während des Urweges immer schon polytheistische und erdverbundene Ansätze von Spiritualität, die mit monotheistischen Vorstellungen rangen, weshalb sich seit den Urtagen der Menschheit auf dem Planeten Erde so grundlegend viel nicht änderte. Bereits damals war die Akashachronik (der fünften Unterwelt) mit allem lebens- und erkenntnisnotwendigen Wissen gefüllt.

Nach dem Untergang von Mu-Lemurien und sodann von Atlantis wurden die Zeitalter des Urwege abgelöst durch die **Zeitalter des Stieres** (vor 6000 Jahren) mit seinen jungsteinzeitlichen Hochkulturen (bis heute Nachwirkungen in den Stierkämpfen Iberiens) **und des Widders vor 4000 Jahren** (minoische Kultur und europäische Naturreligionen). In den Naturreligionen, welche auch als der alte Weg bezeichnet werden, gewinnt das Konzept der Triskele (Dreiheit) an entscheidender Bedeutung.

<u>In unseren Augen beinhaltet **der magische alte Weg** folgende sieben Gebote:</u>
1. Ehre die Ahnen und bewahre das überlieferte Wissen!
2. Lasse dich auf die Magie der beseelten Natur und ihrer Elemente ein!
3. Anerkenne die Naturgottheiten und andere Wesenheiten!
4. Sprich Dich frei von „Schuld"!
5. Bekenne Dich zum Heilsein!
6. Bekenne Dich zur eigenen Mitschöpferkraft!
7. Bekenne Dich zur LIEBE!

Der magische alte Weg der Naturreligionen wurde aber seit 2000 Jahren unter meist grausamen Bedingungen im **Fischezeitalter** ausgerottet.

Das vom Monotheismus geprägte Fischezeitalter lehrte zwar den Ur-Weg des Einen (Gottes), konnte aber weder an das Licht- noch an das Liebesbewusstsein der früheren Wege anknüpfen. Er verfiel in eine Art materiellen Dualismus (Zweiheit), welcher nur noch Arm und Reich; Gut und Böse; Recht und Unrecht; Macht und Ohnmacht etc. zuließ und erfahrbar machte. Offiziell propagierte man Liebe, aber man lebte sie nicht! 2000 Jahre lang vegetierten wir daher in einem blinden Zeitalter des *"entweder/oder"*. Das magische ganzheitliche Heilwissen der Urvölker wurde verfolgt und oftmals vernichtet. Der dualistische Weg war ein Weg der Gebote und Verbote: *"Du sollst keine anderen Götter haben!" (Etc.)* Lediglich ein technischer Fortschritt stellte sich ein und knüpfte an die Errungenschaften von Atlantis an, wenn auch ohne dessen kristalline Energienutzung erneut zu erlangen.

Heute stehen wir an der **Schwelle zum Wassermannzeitalter** bzw. haben diese bereits überschritten; d.h. die Sonne trat nach 2000 Jahren aus dem Sternbild der Fische heraus und in jenes des Wassermannes ein. Das Wassermannzeitalter bietet uns eine Vielzahl möglicher Wege. So ist beispielsweise der Weg des monotheistischen Dualismuses weiter gangbar, welcher zwischen Gott und dem Rest der Welt, heilig und profan, gut und böse etc. unterscheidet, ein Weg, der, wie bereits ausgeführt, vorwiegend negative Folgen zeitigt.

Aber auch der alte Weg wird wieder freier gehbar, da die mittlerweile zahlreichen (Neo-)heiden nicht mehr befürchten müssen, bei Ausübung ihres Glaubens den Kopf abgetrennt zu bekommen. Als Konsequenz kehrt beispielsweise die Gewissheit von Naturgottheiten, beseelter Natur oder wiederholter Reinkarnation zurück. Schamanismus wird langsam gesellschaftsfähig und menschliche Heiler dürfen wieder heilen. Einige wenige versuchen auch, an die Wege von UR, LEMURIEN oder ATLANTIS anzuknüpfen...

Neben dieser Rückkehr zu Bewährtem entstehen im Wassermannzeitalter in erster Linie eine Reihe "neuer Wege", die die Schwächen, insbesondere der 2000jährigen Herrschaft des Fisches, die eine Welt der Ausbeutung, des Rassismus, des Sexismus, der Umweltzerstörung, der Armut, des Hungers und der Kriege brachte, zu vermeiden trachten. Dies, obwohl noch immer ein Teil der Menschheit diese Fehlentwicklungen (im Fischezeitalter) nicht sieht und weiterhin von Fortschritt, Gewaltenteilung, Industrialisierung, Ordnungsfunktion der Staaten, Kapitalismus, humanistischer Bildung (anstelle von naturreligiöser), funktionierenden Gesundheitssystemen, Entwicklungshilfe, christlicher Moral, Missionierung und anderem Unsinn träumt.

Es sind dies "neue" Wege der Kombination alten Wissens mit sogenannten neuen Erkenntnissen. Einer hiervon ist die neokeltische Lebensschule.

Wagen wir nunmehr einen Blick in die Zukunft: Nach dem Wassermannzeitalter, mit welchem sich ein auf Anpassung und Ausbreitung sinnendes Schamanentum zunächst verbündet, wird in etwa 2000 Jahren das **Steinbockzeitalter** folgen. Dessen Zeichen besteht aus der v-Form des Ziegenkopfes (Widder) und einem Fischschwanz. Dies ist so zu deuten, dass sich in etwa 2000 Jahren die Naturreligionen (alter Weg; Zeitalter des

Widders) weitestgehend gegenüber dem auf monotheistischem Dualismus basierenden Fische-Einflüssen durchsetzen konnten, diese aber noch immer in Form des Fischschwanzes des "Ziegenfisches" das Steinbockzeitalter mitbestimmen werden. Was soviel heißt, wie, dass die christlichen Kirchen sich durch innere Anpassung an die wieder erstarkten Naturreligionen annähern. Es hängt davon ab, wie friedlich diese Anpassung und die gegenseitige Akzeptanz verlaufen wird, wie friedlich das (in 2000 Jahren) heraufdämmernde Steinbockzeitalter verlaufen wird.

Dem Steinbockzeitalter wird das **Schützezeitalter** folgen. Das Schützesymbol ähnelt dem entsprechenden Sternbild, wobei der Pfeil des Schützen zum Schuss in den Himmel nach oben gerichtet ist. Der Mensch wird also (spätestens in etwa 4000 Jahren) nach den Sternen greifen.

Nicht zu vergessen ist der **Schlangenträger**, jenes Zeitalter, dass im grauen und reptiloiden Kampf gegen die Weisheit der Drachen aus unserem Gedächtnis getilgt werden soll.

Das folgende **Skorpionzeitalter** steht dann (endlich wieder) im Zeichen von Medizin und Heilung. **Die Waage** (in 10.000 Jahren) steht für Gerechtigkeit; es folgt die **Jungfrau... Der Löwe** steht für den Gottmenschen(!) Es liegt an ihm, ob sich das Schicksal Atlantis wiederholen wird - oder nicht....

# ANHANG

## 1.) Das Verhältnis der Völker und Wesenheiten untereinander

Tabelle 1:
(1) Menschen (Wôlgmare)
(2) Engel (Geistwesen)
(3) Drachen (holone Wesen)

Tabelle 2:
(4) Orioner (Wôlgmare)
(5) Sirianer (teils vergeistigte Wôlgmare)
(6) Plejadier (zumeist Wôlgmare; teils insektoid)

Tabelle 3:
(7) die 33_3 (Gottheiten)
(8) Chaosgötter (Gottheiten)
(9) Zetas/Graue (entleerte Wesen)

| TABELLE 1 | Menschen | Engel | Drachen |
|---|---|---|---|
| Menschen | teils solidarisch; zum Teil bekriegen sie sich untereinander | werden von ihnen beschützt, erkennen sie aber nur teilweise an | wissen oftmals nichts mehr von deren einstiger und heutiger Präsenz |

| Engel | beschützen die Menschen als Reichshüter | hierarchisches, friedliches miteinander | gegenseitige Akzeptanz |
|---|---|---|---|
| Drachen | den Menschen wohlwollend gesinnt | gegenseitige Akzeptanz | zumeist Einzelgänger, wenn auch großen Wert auf familiäre Abstammung gelegt wird |
| Orioner | unterstützen die Menschen oftmals | obwohl sie viele ethische Grundsätze teilen, gehen sie sich lieber gegenseitig aus dem Weg | kommen im Allgemeinen gut miteinander zurecht |
| Sirianer | unterstützen die Menschheit gerne in spiritueller Hinsicht | viele gemeinsame Hilfsprojekte für die Belange unserer Galaxie | Allianz-bildung bereits im Mesozoikum |

| | | | |
|---|---|---|---|
| Plejadier | die plejadischen Kulturen sind den Menschen sehr ähnlich nur eben weiter entwickelt | keine wirkliche Sympathie | keine wirkliche Sympathie |
| 33_3 | gehen teilweise Bündnisse mit einzelnen Menschen ein; wirken ansonsten primär nur noch als Prinzipien | historische Divergenzen; heutzutage jedoch zumeist ein friedliches Nebeneinander | Shiva aus dem Hause der Feuergötter zerstörte Dragon die einstige Heimat dragonischer Drachen |
| Chaosgötter | die Menschen haben für sie keiner wirkliche Bedeutung; eher menschenverachtend | erklärte Feinde zueinander | Chaosgötter bekunden Respekt für die Drachen und würden sie gerne für ihre Belange einspannen |

| | | | |
|---|---|---|---|
| Zetas | selbst-ernannte Feinde der Menschheit; welche diese versklaven wollen | verfeindet | können sich nicht ausstehen; insofern verfeindet |

| TABELLE 2 | Orioner | Sirianer | Plejadier |
|---|---|---|---|
| Menschen | wissen kaum noch von deren Existenz | zumeist nur gechannelte Nachrichten | ihre Rolle und ihr Einfluss in der Geschichte der Menschheit ist diesen nicht ganz klar |
| Engel | keine wirkliche Sympathie | gegenseitige Achtung und Zusammen-arbeit | können diese nur schwer einschätzen |
| Drachen | allgemeine Wert-schätzung | mesozoische Allianz-bildung | nach Auffassung der Drachen stinken alle Plejadier |

| | | | |
|---|---|---|---|
| Orioner | früherer interne Streitigkeiten konnten überwunden werden | nach anfänglichen galaktischen Kriegen erfolgte die Bildung einer gemeinsamen Föderation | Neutralität |
| Sirianer | nach anfänglichen galaktischen Kriegen erfolgte die Bildung einer gemeinsamen Föderation | leben auf Atarmurk und Muktarin friedlich miteinander | skeptisches Wohlwollen |
| Plejadier | Neutralität | die Plejadier sind von den ständigen Liebesmissionen der Sirianer eher genervt | momentan halten die sieben plejadischen Kulturen einen einstmals teuer erkauften Frieden aufrecht |

| | | | |
|---|---|---|---|
| 33_3 | keine nennenswerten Zwischenfälle | man respektiert sich, ohne sich wirklich zu lieben | die 33_3 schätzen die Plejadier mindestens genauso wie die Menschen |
| Chaosgötter | respektieren die Orioner und ihr Werk, sind aber nicht mit ihnen befreundet | absolute Abneigung | haben schon seit Längerem ein Auge auf die Plejadier geworfen |
| Zetas | aus Sicht der Zetas gefährliche Feinde | Hauptfeinde | in dieser Hinsicht gibt es durchaus Sympathien, die aber von den Plejadiern nie erwidert wurden |

| TABELLE 3 | 33_3 | Chaosgötter | Zetas |
|---|---|---|---|
| Menschen | die 33_3 existieren nur noch in Mythen fort, an deren Existenz ohnehin kaum einer glaubt; nur wenige arbeiten noch direkt mit den 33_3 oder ihren planet-arischen Prinzipien | deren Existenz ist für die Menschen nur mehr ferne Legende, obwohl die Gefahr ihrer Rückkehr größer wird | spüren deren negativen Einfluss, gehen hiergegen aber zumeist nicht aktiv an |
| Engel | man versucht miteinander klar zu kommen | Feinde | aus Sicht der Engel sind die Zetas im Prinzip ver-irrte Seelen, welche bekehrt werden müssten. Da sie dies nicht zulassen, werden sie bekämpft |

| | | | |
|---|---|---|---|
| Drachen | haben den 33_3 die Zerstörung Dragons verziehen und bekunden durchaus gewisse Sympathien für diese | Feinde aus Sicht der Drachen | verfeindet |
| Orioner | keine nennens werten Zwischen-fälle | meiden die Chaosgötter | verfeindet |
| Sirianer | ehemals leichte Spannungen konnten beigelegt werden | Feinde | verfeindet |

| | | | |
|---|---|---|---|
| Plejadier | bekunden nach wir vor Hochachtung für diese Gottheiten | die Plejadier haben Angst vor den Chaosgöttern und würden alleine schon deshalb nicht mit ihnen paktieren | kein Interesse an der Zusammenarbeit mit Zetas |
| 33_3 | es gibt nach wie vor Interessensgegensätze; man begreift sich aber als Schicksalsgemeinschaft oder gar Einheit und hat daher gelernt damit umzugehen | nach wie vor erklärte Feinde | für die 33_3 sind die Zetas nichts als Gesindel |

| | | | |
|---|---|---|---|
| Chaosgötter | die 33_3 sind die Hauptfeinde der Chaosgötter | es gibt verschiedene Gruppen unter den Chaosgöttern, da das gemeinsame Anliegen aber immer das Chaos ist, gibt es weiter keine Divergenzen | im Prinzip Schöpfer der Zetas |
| Zetas | die Zetas sind machtlos gegenüber den 33_3 | akzeptieren die Chaosgötter als ihre Herren | es gibt interne Streitereien, aber auch ein klares hierarch-isches Macht-verhältnis, welches sie zusammen-schweißt |

Es folgen eine veraltete sowie die aktuelle Darstellung der 33 Naturgottheiten aus Sicht der DRACO-Stiftung.

## 2.) Übersicht über die erweiterten planetarischen Wirkprinzipien der 33_3 ink. Uranus, Erde, Mond und Sonne (veraltet)

**W1: Sonne (Sol)**: Licht, Wärme, Farben, Töne, Duft etc.

**W2: Merkur (Ganesha)**: Vermittlung, Transformation, Handel

**W3: Venus (Branwên)**: Liebe, Zuwendung, Geborgenheit, Schönheit, Harmonie, Frieden, Feminität

W4: *Hephaistos (Vulkanos): Feuer; Schmiedekunst

**W5: Erde (Gaia)**: Wasser, Erde, Luft, Feuer etc.

W6: *Baldur/Balder (Apollon): Licht, Ordnung, sittliche Reinheit, Weisheit, klassische Künste

W7: *Athene (Idun): Licht, Künste, Handwerk, Wissenschaft, Tugend, Frieden, Ordnung, Reinheit, Wahrheit, Weisheit, Gerechtigkeit

W8: *Frey: Frieden

W9: *Diana (Artemis): Intuition, Kreativität, Jagd, Geburt, Jugend, Wachstums, Quellen, Empfängnis

W10: *Thot (Forseti): Zeitrechnung, Rechtsprechung, Gelehrsamkeit, Druidentum

W11: *Aeskulap (Asklepius): Heilkunst, Heilkraft, Gesundheit, Medizin, Schamanentum

W12: *Lugh: Kunstfertigkeit, Künste

W13: *Cernunnos (Pan): Vegetation, Fruchtbarkeit, Sexualität, Triebe, Sucht, Rausch

W14: *Ostara/Beltaine (Demeter): Vegetation, Fruchtbarkeit, Schwangerschaft, Blüten, Mutterschaft, Überfluss, sinnliche Liebe

<u>Im Himalaya:</u>
W15: *Shiva (Seth): Zerstörung und Neubeginn

W16: *Durga (Kali): Dunkelheit, Grausamkeit, Zerstörung

<u>In der Unterwelt</u>
W17: *Morrigan (Hel, Holle): personifizierte Erdmutter und gealterte Vegetationsgöttin

W18: *Charon (Anubis): Fährmann ins Reich der Toten

W19: *Brigit: Hüterin der Samen; Göttin der Jungfräulichkeit

**W20: Mond (Luna)**: Rhythmus, Mutterschaft, Wiederspieglung, Verstärkung, natürlicher Kreislauf, spirituelles Gesetz etc.

**W21: Mars (Teutates)**: Selbstbehauptung, gesunder Egoismus, gerechter Krieg, Kriegertum, Maskulinität

Wirkprinzipien aus dem Asteroidengürtel:
W22: Asteroid Juno (Frija/Frigg): Ehe, Familie, Heim und Herd

W23: Asteroid Victoria (Nike): Sieg

W24: Asteroid Fortuna: Glück

W25: Asteroid Tyche: unberechenbarer Zufall

W26: Göttin Lakshmi: Wohlstand

**W27: Jupiter (Odin)**: Entwicklung, Wachstum, Expansion

W28: Jupitermond Ganymed (Hanuman): Dienst am Höheren, Bardentum, Humor, Bezwingen von Dämonen

**W29: Saturn (Thor)**: Einschränkung, Reduktion, Tugendhaftigkeit, gerechter Zorn, Donner, Handwerk, Landwirtschaft, Bescheidenheit

W30: Saturnmond Phoebe (Sif): Leuchten, Reinheit, Stahlen, Helligkeit

**W31: Uranus** (*unbesiedelt*): Befreiung, Normbruch, Verrücktheit, Kreativität

**W32: Neptun (Manannân und Amphidrite)**:
   Transzendenz, Jenseitigkeit, Suche,
   Wasserkreislauf, Erdbeben, Vulkanismus,
   Überschwemmungen, Meer

W33: Neptunmond Nereide (Amphidrite): Bäche, Flüsse,
   Seen

W34: Neptunmond Triton (Sobek): unberechenbare
   Wasserkraft

**W35: Pluto (Samhain)**: Unterbewusstsein, Schattenwelt,
   Unterwelt, Tod

W36: *Hypnos: Schlaf und Hypnose

W37: *Eris: dunkle Seite des Krieges, Zwietracht, Rache

W38: Urd: das Gewordene, Vergangenheit

W39: Verdandi: das Werdende, Gegenwart

W40: Skuld: das Werdensollende, Zukunft

### 3.) Darstellung der göttlichen Archetypen wie sie von der DRACO-Stiftung gelehrt wird (Stand: Maien 2015)

*"Wer die 33 ehrt, kommt der Wahrheit nahe!"*

FAMILIE DER WELTENHERRSCHER

1. **Brahmaodin**, die oberste Gottheit. Gott des Himmels, der Gerechtigkeit, der Adler, Raben und Vögel, der Federn, der Luft, der Luftspieglungen, von Sauerstoff und Atmosphäre, der Winde, Orkane, des Sturms, des Wetters und Gewitters, von Hagel, Blitz und Donner; der Eigenverantwortung/ Verantwortung, der Einschränkung, des Maßhaltens/ Mäßigung sowie der Tugendhaftigkeit und Tugend (Saturn)

2. Dessen Gemahlin, **Frigghera**. Göttin der Partnerschaft, Ehe und Familie, der Ahnen, von Heim und Herd

3. Deren Sohn, **Thorzeus**, der Hammergott. Gott der Handwerker, des produzierenden und verarbeitenden Gewerbes, der Bauern und der Landwirtschaft; zugleich Gott von Entwicklung, Wachstum und Expansion (Jupiter)

4. Dessen Gemahlin, **Sif**, die Göttin mit den langen goldenen Haaren. Göttin des Sommers, des Tages, des Lebens und des Atems

5. **Vishnuhermes**, Gott der Händler, des Handels, der Abenteurer und des Abenteurers, gilt auch als das ausgleichende, vermittelnde Prinzip und Gott der Transformation (Merkur)

6. Der Mundschenk und göttliche Schalk **Hanumanheimdall**. Gottheit von Spaß, Humor und Witz; zugleich ein Wächter und Bezwinger von Dämonen

FAMILIE DER LICHTGÖTTER
7. Der Lichtgott **Balderapollon**. Gott der Ordnung, der Sitte, des Brauchs, der Klarheit, der Reinheit, der Weisheit, der Wahrheit, Wahrhaftigkeit sowie der klassischen Künste von Grammatik, Rhetorik, Dialektik (Logik), Mathematik (Arithmetik und Geometrie), Astronomie und Astrologie. Gott der Sportler und Spiele. Gott der Jagd, der Bogenschützen und des Regenbogens

8. Dessen Gemahlin **Athenaminerva** mit denselben Attributen

9. Sohn **Thot**, Gott der Zeitrechnung, der Rechtsprechung, der Gelehrsamkeit, der Wissenschaft, Naturwissenschaft (Physik, Chemie und Biologie), der Forscher, Wissenschaftler, Gelehrten, Brahmanen und Druiden

10. **Freyr**, der Bruder des Lichtgottes: Gott des Friedens und der Diplomatie

11. **Artemisdiana**, die jüngere Schwester des Lichtgottes. Göttin der Intuition, der Kreativität, der Jugend, des Wachstums, von Quellen, Tau und Reif.

12. **Asklepios**, der Gott der Heilkunst, Heilkraft, Gesundheit und Medizin sowie der Schlangen und Spinnen

13. **Ogmabragi**, der Gott der Barden, der Musik, der Harfe, der Spruchkunst und Dichtung, der Weissagung, Gedichte, Dichtkunst, der Musiker und Dichter, von Rhythmus und Gesang. Er gilt zugleich als Bezwinger von Dämonen

FAMILIE DER FEUERGÖTTER
14. **Shivaloki**, der Feuergott: Gott der Zerstörung, der Vulkane, des Vulkanismus, der Flamme, der Brände, der Glut, der Asche, des Rauchs, der Trockenheit und Dürre sowie des Neubeginns, der Erneuerung und der Salamander

15. Dessen Gemahlin, **Kalipele** die dunkle Göttin mit den gleichen Attributen

16. Deren Sohn **Goibniuhephaistos**. Gott der Funken und Späne, der Schmiedekunst und Schmiede

17. Dessen Gemahlin, **Brânwenaphrodite**, die Göttin der Schönheit, Sexualität, der Liebe, des Tanzes, der Verführung, der Zuwendung, Harmonie, Zärtlichkeit und Geborgenheit (Venus)

FAMILIE DER KRIEGSGÖTTER

18. **Teutatestyr**, der Kriegsgott und Gott der Krieger, von Tapferkeit und Mut. Gott der Selbstbehauptung sowie eines gesunden Egoismuses (Mars)

19. Dessen Gemahlin **Epona (Victoria)**, die Göttin des Sieges und der Pferde

20. Deren Tochter, **Fortunatyche**, die Göttin des unberechenbaren Zufalls sowie des gerechtfertigten Glücks (Schicksalsrad)

21. **Lakshmifulla**, deren zweite Tochter. Göttin des Wohlstandes und Reichtums

22. **Eris**, die Schwester des Kriegsgottes. Göttin der Zwietracht und der Rache

FAMILIE DER WASSERGÖTTER

23. **Manannânposeidon**, der Wassergott: Gott der Meere, der Wassertiere und der Fischer, von Nässe, Grundwasser, Flutwellen und Überschwemmungen. Er gilt zugleich als Gott der Transzendenz, der Jenseitigkeit und der Suche (Neptun) sowie als Gott der Schamanen.

24. Dessen Gemahlin **Ranamphidrite**, die Göttin der Bäche, Flüsse, Ströme und Seen. Sie ist zugleich die Göttin des Herbstes und der Abenddämmerung, des Westens, der Ältestenschaft und des Alters.

25. Ihr Sohn, der Wassermann **Triton**, der Gott der unberechenbaren Wasserkraft

FAMILIE DER FRUCHTBARKEITSGÖTTER
26. **Cernunnospan**, der Gott der Vegetation, Triebe, Potenz, Sexualität, Zeugung sowie von Bier, Met und Wein, der Sucht und des Rausches. Gott der Bienen, Wiesen, Gärten Gärtner, Sammler und Jäger, des Waldes, der Büsche und Bäume, des Holzes sowie der Tiere.

27. Dessen Gemahlin **Beltainedemeter**, die Göttin der Vegetation, Fruchtbarkeit, Empfängnis, Schwangerschaft, Geburt, Mutterschaft, des Überflusses, der Wolken und des Regens, der Sinnlichkeit, des Genusses und der Ernte. Göttin des Südens.

28. Deren Tochter **Gefjonostara**. Göttin des Ostens, der Kindheit und des Frühlings.

FAMILIE DER UNTERWELTSGÖTTER
29. Der Erdvater **Samhainhades**: Gott der Unterwelt, des Winters, der Nacht, des Todes und der Knochen, des Nebels, von Schnee und Eis. Gott der Erde und des Salzes, von Gold Silber, Bronze, Erz, Eisen, Metall und Edelmetall, der Mineralien, Kristalle, Magnete, Steine, Felsen, Höhlen, Hügel, Berge, Gebirge und Bergleute, Gott des Magmagürtels, der Erdbeben und Erdrutsche, des Unterbewusstseins, der Schattenwelt und der Schatten (Pluto).

30. Dessen Gemahlin **Morriganpersephone**, die personifizierte Erdmutter und Göttin des Alters, des Nordens, des Winters, der Bodenfruchtbarkeit und des Humus

31. Deren Sohn, **Charon**, der Fährmann ins Reich der Toten

32. Deren Tochter **Brigit**, die Hüterin der Samen, Kräuter, Blumen und Blüten. Göttin der Jungfräulichkeit sowie der Menarche. Bringerin der Morgendämmerung und des Lichts (Nordosten)

33. **Morpheus**, der Bruder des Unterweltgottes. Gott des Schlafs, des Traums und der Hypnose

Laut der DRACO-Stiftung sind dies die ursprünglichen 33 Gottheiten (zuzüglich von Wyrd, Verdandi und Skuld), welche nach Dana/Dagda, Sol und Luna in unser Sonnensystem kamen, nachdem sie von der schwarzen Sonne persönlich hierum gebeten wurden. Auf sie gehen alle Mythen weltweit zurück. Alle weiteren Gottheiten sind und bleiben regionale Erscheinungsformen oder Nachkommen der 33-3. Natürlich ist es schwierig, alle Götter aller Pantheons dieser *Wahrheit* zuzuordnen. Insbesondere also dort, wo eine eindeutige Einordnung schwierig ist, gilt es im Sinne einer toleranten Auslegung als möglich und statthaft, entsprechende Gottheiten auch weiterhin einfach in ihrer überlieferten Form/ mit ihrem überlieferten Namen zu verehren. (Z.B. Ganesha als *Ganesha* anzurufen und nicht als Sohn des Shivaloki = Goibniuhephaistos oder als Gott der Weisheit = Balderapollon etc.). Den Traditionen und Überlieferungen der Völker ist Ehre zu erweisen, denn jede Gottheit konzipiert ein ihr eigenes morphogenetisches Feld. Die Macht der 33_3 wird durch vergleichbare Nachsichtigkeiten eher gestärkt als geschmälert.

## 4.) Exkurs zum Deutschsein[5]

Der Begriff der <<Nation>> wird laut Fremdwörterduden wie folgt definiert: *„Lebensgemeinschaft von Menschen mit dem Bewusstsein gleicher politisch-kultureller Vergangenheit und dem Willen zum Staat."*

In Wikipedia steht zu lesen:
Deutsch (*diutisc* oder *theodisk*) bedeutete ursprünglich soviel wie „zum Volk gehörig" oder „die Sprache des Volkes sprechend". Das Adjektiv wurde seit spätkarolingischer Zeit zur Bezeichnung der nichtromanischsprechenden Bevölkerung des Frankenreichs aber auch der Angelsachsen benutzt; sprich der Germanen, welche das Volk waren. Der Begriff entstand in Abgrenzung zum Latein der Priester wie auch zum *walhisk*, der Bezeichnung für die Romanen, aus der das Wort <<Welsche>> entstanden ist.

Erster Beleg für den Begriff ist eine Stelle aus der gotischen Bibelübersetzung des Wulfila um 360. Er bezeichnet die Nichtjuden und heidnischen Völker mit dem Adjektiv *thiudisko*.

Erst seit dem 10. Jahrhundert bürgerte sich die Anwendung des Wortes *diutisc* auf die Bewohner des Ostfrankenreichs ein, von dem heute der flächenmäßig größte Anteil zu Deutschland gehört.

---

5   Aus: EURASIEN – die friedliche Revolution

Die Vorstellung einer ethnisch-kulturellen Einheit der Deutschen ist ab etwa Beginn des 19. Jahrhunderts, seit den Freiheitskriegen gegen die napoleonische Herrschaft, die wichtigste Grundlage deutscher Nationskonzepte. Da kein deutscher Nationalstaat existierte, konstituierte sich das Konzept der Volksgemeinschaft nicht über einen Staat, sondern über Vorstellungen kultureller (insbesondere auch sprachlicher) Identität und gemeinsamer Abstammung.

Zusammenfassung: *Deutsch* bedeutet so viel wie *die Sprache des Volkes sprechend*. Das Volk selbst sind die germanischen Bewohner des östlichen Frankenreichs also die heutigen Deutschen, Österreicher und Deutschschweizer. Darüber hinaus sind wir noch immer Germanen. Diese sind nie ausgestorben! Wir deutsch-, holländisch-, isländisch-, norwegisch-, schwedisch- oder dänischsprachigen sind das!

Und wieder Wikipedia: Die Vorfahren der Deutschen sind im Wesentlichen östlich des Rheins angesiedelte Westgermanen, die sich während der Völkerwanderung zu Großstämmen (also Sachsen, Thüringer, Franken, Alemannen und Baiern) formierten. Im heutigen West-, Mittel- und Süddeutschland lebten vor der germanischen Landnahme um die Zeitenwende vor allem Kelten. Diese wurden in den Gebieten bis zu den Grenzen des römischen Reiches offenbar relativ schnell assimiliert oder ersetzt. Südwestlich des Limes lebten bis in die Spätantike romanisierte Kelten (Gallo-Römer), die aber insbesondere in den Grenzbereichen zusehends mit germanischen Föderaten durchsetzt worden sein dürften.

Nach dem Untergang des Römischen Reiches nahm der größte Teil dieser Gallo-Romanen offenbar relativ bald die germanischen Sprachen an, obwohl einige romanische Sprachinseln, wie etwa das Moselromanische, auf dem Gebiet der heutigen Bundesrepublik Deutschland bis ins hohe Mittelalter überdauerten.

Kelten beziehungsweise Galloromanen trugen insbesondere zur Entstehung der Alemannen und auch der Bajuwaren bei. Ab dem 7. Jahrhundert wanderten in den östlichen Gebieten des früheren und heutigen Deutschland zunehmend Slawen ein, assimilierten sich und wurden somit ebenfalls zu einer wichtigen Vorfahrengruppe der Deutschen.

Durch die Eroberung der Alemannischen, Baiuwarischen, Rheinfränkischen und Thüringischen Gebiete vereinigten die salischen Franken diese Großstämme in einem politischen Gebilde. Die Alemannen wurden zum Teil 496, endgültig 536 unterworfen, die Thüringer 531, die Baiern 536. Die Friesen und die Sachsen blieben dagegen vorerst weitgehend unabhängig und standen den Engländern lange näher als den salischen Franken.

Nach der Auswanderung der Angelsachsen bildeten die festländischen Sachsen mit den von ihnen unterworfenen Teilstämmen ein besonderes Volk für sich, mit eigenen staatlichen Einrichtungen.

Seit der Merowingerzeit standen die Sachsen immer wieder in loser Abhängigkeit zum Frankenreich, was sich aber in der Regel auf Tributzahlungen und das Stellen von Truppen beschränkt haben dürfte.

Erst ihre politische und religiöse Zwangseingliederung in das Fränkische Reich Karls des Großen führte sie seit 797 dem späteren deutschen Staatsverband zu.

Noch länger dauerte es, bis an der deutschen Nordseeküste lebende Friesen bereit waren, sich auch als Deutsche zu sehen. So war noch 1463 von „Freschen boden oder grunt" im Gegensatz zu „Duitschen grunt" die Rede.

Der Ursprung Deutschlands beruht letztendlich auf dem systematischen Eroberungswillen und den organisatorischen Fähigkeiten der Merowingerkönige und Karls des Großen sowie auf der Auseinanderentwicklung des Ostfränkischen und Westfränkischen Reiches.

Der Begriff deutsch, als Selbstbezeichnung für die germanisch sprechenden Bewohner im alten Deutschen Reich taucht dagegen erst im hohen Mittelalter auf.

Im Zuge der hochmittelalterlichen Siedlungsbewegung nach Osten gingen große Teile der Westslawen, die ab dem späten 6. und 7. Jahrhundert in die von den Germanen während der Völkerwanderung weitgehend geräumten Gebiete eingewandert waren (in etwa identisch mit den neuen Bundesländern östlich der Linie Elbe–Saale, dem östlichen Holstein, dem niedersächsischen Wendland und Teilen Oberfrankens sowie dem östlichen Österreich) in der deutschsprachigen Bevölkerung auf.

Im Heiligen Römischen Reich, das seit etwa 1550 den Zusatz „Deutscher Nation" trug, bildeten sich unterhalb des Kaisertums zunehmend selbstständige Territorien heraus, deren Untertanen dabei auch eine entsprechende, auf den Kleinstaat bezogene Identität entwickelten, welche nachhaltig die Entstehung der heutigen deutschen Regionen beeinflussten.

Die deutsche Kultur erfuhr auch von Zuwanderern wichtige Anregungen, genannt seien hier die Hugenotten. Auch die jüdische Minderheit hatte entscheidenden Anteil am deutschen Geistesleben.

Das Reden von ethnischen Deutschen hatte seit den Anfängen der Judenemanzipation dennoch oft eine antisemitische (hier: anti-jüdische) Tendenz. Obwohl viele deutsche Juden sich einer deutschen Kulturnation zugehörig fühlten und deutsche Staatsbürger waren, etablierte sich ein Verständnis einer deutschen Nation unter Ausschluss der Juden. Als Reaktion auf den Holocaust wird seit Ende des Zweiten Weltkrieges unter in Deutschland lebenden Juden die Frage erörtert, ob sie jüdische Deutsche oder nicht eher Juden in Deutschland seien.

Anmerkung: Unseres Erachtens sollte der maßgebliche Beitrag unserer jüdischen Mitbürger zur deutschen Kultur nie vergessen werden! Jeder hier lebende, integrierte, deutschsprachige Muslim oder Jude sollte auch im völkischen Sinne als vollwertig "deutsch", also <<die Sprache des Volkes sprechend und seiner Kultur respektierend>> erachtet werden. Letzterer ist ausdrücklich nicht ans Christentum gebunden! Die Deutschen und Germanen waren schon immer gastfreundlich und integrierten all jene, die sich unter ihnen zu Hause fühlten und sich ihre Sitten zu eigen machten, seien dies nun Kelten, Slawen, Juden, Hugenotten, Polen oder sonst wer! Dies gilt unabhängig von seiner Herkunft, seiner Religion oder seinem Äußeren!

Beispiel: Ein schwarzer Muslim mit dicker Nase und Krauselhaar kann in diesem wahren Sinne deutscher sein, als ein blonder und blauäugiger Nazi, Randalierer, Schläger und Dummkopf! Prüfe immer den Menschen selbst! Die Förderung der deutschen Unterschicht hat somit zu einem zentralen Bestandteil deutscher Sozial- und Bildungspolitik zu werden, damit sie nicht erneut zu dumpfen Nazis, sondern zu stolzen, respektablen und vor allen Dingen auch *akzeptierenden* - nicht toleranten - nicht erduldenden - sondern akzeptierenden, empathischen, verstehenden Menschen werden - mit einer klaren Ausrichtung zum Licht hin - wie sie allen Eurasiern von Geburt an zu Eigen ist!

Und auch auf die Gefahr hin zutiefst missverstanden zu werden und als "Rassist", "Nationalist" oder "Antisemit" (drei im Übrigen absolut unsinnig gebrauchte Begriffe) verunglimpft zu werden, füge ich folgenden Satz bei: Wenn ein deutscher Jude aufgrund der Vergangenheit für sich entscheidet, dass er nur ein in Deutschland lebender Jude ist, aber kein jüdischer Deutscher, kein eingeborener Eurasier sein will, so würden wir dies zwar verstehen, aber bedauern. Die Annahme der israelischen Staatsbürgerschaft steht ihm offen. Israel wirbt ja geradezu mit der Anwerbung europäischer Juden. Wer sich aber klar zur friedlichen, eurasischen Kultur bekennt, wird auch als Jude, Christ oder Muslim immer hier willkommen sein! Klar und deutlich genug?

<u>Wie sieht diese Kultur aus:</u>
- Schöpfertum und Freiheit anstelle von Knechtschaft
- Schutz alles Weiblichen
- Empathie mit allen Wesen
- Gleichberechtigung aller Menschen
- bei weiterhin bestehenden natürlichen Hierarchien wie sie sich beispielsweise in den naturspirituellen Rängen ausdrücken
- das Recht auf den Erwerb eines Familienlandsitzes
- das Recht zu Nomadisieren
- Gastfreundschaft und Gastespflicht (aller Eurasier)
- zivilisierter Umgang (d.h. beispielsweise Schlichtung und Wiedergutmachung anstelle von Selbstjustiz oder Justiz)
- ganzheitliche Hygiene (d.h. aller vier Körper)
- Abfallvermeidung und Wiederverwertung
- vielfältiger Spracherwerb
- Integration in bereist bestehende Verhältnisse

Da Deutschland kein Zentralstaat wie England, die Niederlande oder Frankreich war, erfolgte auch die Ausbildung einer deutschen Nation mit Verzögerung und erfolgte im bedeutenden Maße erst durch die Auseinandersetzung mit dem französischen Kaiserreich unter Napoleon Bonaparte. Die deutsche Nationalbewegung scheiterte allerdings nach der Märzrevolution von 1848. Erst 1871 wurde mit der Reichsgründung der erste einheitliche deutsche Nationalstaat begründet. Seine Einwohner wurden entsprechend als „Reichsdeutsche" bezeichnet, eine Staatsbürgerschaft, die bis heute nicht erloschen ist (siehe BRD GmbH etc.). Andere Deutsche hatten ihre Siedlungsgebiete in Vielvölkerstaaten und nannten sich beispielsweise Banater Schwaben oder Sudetendeutsche usw. Für sie wurde hauptsächlich im Zusammenhang mit dem Nationalsozialismus der Sammelbegriff „Volksdeutsche" verwendet.

Parallel und teilweise mit dem ethnischen Konzept verwoben bildete sich ab dem Beginn des 19. Jahrhunderts ein völkisches Verständnis des Deutschtums heraus. Aufbauend auf den Schriften von Novalis entwickelte Friedrich Schlegel um 1801 die Idee einer „wahren Nation", welche ein familienähnliches Netzwerk bilden und so auf gemeinsamen Blutlinien, also einer gemeinsamen Abstammung, aller Nationsmitglieder beruhen würde.

Anmerkung: Wir unterstützen diesen Gedanken, da er der Natur entspringt und richtig ist. Zugleich wissen wir, wie wichtig frisches Blut für die Resilenz von Völker ist.

Daher ist es wichtig, immer wieder auch anderen ausgewählten Menschen die Möglichkeit zur Deutschwerdung zu ermöglichen, wie wir es von Alters her taten! Es ist dabei nicht notwendig, seine Herkunft zu verleugnen, sondern ganz im Gegenteil Brücken zu schlagen! Unserer Meinung nach bereichern Neuankömmlinge und Mischlinge unserer Kultur, wenn sich diese Zuwanderung auf geordneten und von beiden Seiten gewollten Bahnen bewegt!

Ein Kriterium, wie viel Zu- und auch Abwanderung dem deutschen Volk gut tut ist immer auch an die Frage von Kriminalität und Bildung geknüpft! Steigt die ganzheitliche nationale Bildung von Generation zu Generation findet ausreichend, aber nicht zu viel Zuwanderung statt. Fällt der Bildungsstand aber von Jahr zu Jahr kontinuierlich ab, findet entweder zu wenig oder aber zu viel Zuwanderung statt. Meistens ist Zweites der Fall. Gleiches gilt für die Kriminalitätsrate. Unabhängig von dem Recht zur Zuwanderung und damit zur Einbürgerung ist das Asylrecht zu betrachten.

Anhand der Frage, ob jemand ethnisch Deutscher werden kann, lassen sich die Anhänger der Assimilationshypothese von denen der Abstammungshypothese unterscheiden.

Die Assimilationshypothese besagt, dass die Anpassung an zentrale kulturelle Merkmale von Bedeutung sei. Dies seien vor allem die Beherrschung der deutschen Sprache, zuweilen die Nichtzugehörigkeit zum Islam, die Wohndauer in Deutschland und ein deutscher Ehepartner.

Die Abstammungshypothese dagegen behauptet, dass man „deutsch sein" nicht lernen könne: „deutsch" sei man demnach nur, wenn die Eltern Deutsche sind. Auch Bassam Tibi, deutscher Politikwissenschaftler syrischer Herkunft, stellt dazu ausdrücklich fest: „Eine ethnische Identität kann nicht erworben werden."

Laut einer Studie von Tatjana Radchenko und Débora Maehler aus dem Jahr 2010 stimmt nur einer von 123 befragten Migranten und kein befragter autochthoner Deutscher der Aussage zu: „Man kann nie wirklich deutsch werden."

Die These, auch Anhänger der Assimilationshypothese hätten Probleme damit, in Muslimen ethnische Deutsche zu sehen, wird von der „Gesellschaft muslimischer Sozial- und Geisteswissenschaftler" bestätigt: Diese haben den Eindruck, „jedes Festhalten an genuin islamischen Positionen, die nicht dem von westlich-abendländischer Seite gesetzten Rahmen für Religiosität, Integrationskriterien und deutsche Identität entsprechen, könne von der Mehrheitsgesellschaft nur als gefährliche Abweichung vom gesellschaftlichen Konsens interpretiert werden."

**Anmerkung: Im Sinne des eurasischen Masterplans kann ein religiöses Bekenntnis <u>nie</u> zum Kriterium hinsichtlich der ethnischen Zu- oder Einordnung eines Menschen gemacht werden !!!**

Der Begriff „Neue Deutsche" ist ein postmodernes Konstrukt um die Identitätsbildungsprozesse deutscher Staatsangehöriger mit Migrationshintergrund. Er ist als prinzipieller Inklusionsprozess zu verstehen.

Anmerkung: Wer bei der bloßen Nennung des Namens unserer Vorfahren an Hitler und seinen Nationalsozialismus denkt, sollte dringend Nachhilfe in Geschichte nehmen. Diese missgeleiteten 12 dunklen Jahre in unserer Geschichte sollten kein endgültiges abwertendes Urteil über die Tugenden des deutschen Volks erlauben dürfen! Seid im Gegenteil als deutschsprachige Germanen stolz auf die Leistungen eurer Vorfahren, eures Volkes und eurer Nation! P.S.: Jedes jedes Volk, jede Nation und jede Kultur ist - bei aller notwendigen kritischen Betrachtung - stolz auf das von ihm/ihr geleistete und strebt danach, es bis in alle Ewigkeit zu weiterentwickelnd zu bewahren.

## Nachwort

Meine tiefste Verehrung gilt insbesondere der universellen Gottheit selbst (*Spirit*), Jahwe, unserer galaktischen Zentralsonne, Sol (Vater Sonne), Gaia (Mutter Erde) und Luna (Großmutter Mond)!

Diese fünf sind für geschätzte 98% der Entwicklung des Lebens auf Erden verantwortlich! Sie alle sind in ihrem ersten Körper geistige Prinzipien, in ihrem zweiten Körper spirituelle Gottwesen (z.B. Ur-Ion/Uranus, Jahwe, Belenus/Helios, Dana und Soma) sodann in ihrem dritten Körper inkarniert erfahrbar (als all-umfassendes Universum, schwarzes Loch, Sonne, Planet und Mond).

Meine höchste Wertschätzung und Dank gilt darüber hinaus insbesondere auch Christo und Sophia, Maria, den 33_3, dem Erdvater Dagda, Luzifer, dem Lichtbringer sowie Satanus und Lilith, den Schirmherren aller freiheitsliebenden Drachen.

Ich möchte diesen Glauben hier erstmals als **universelle Religion** bezeichnen - *meine* spezifische Sonderform einer friedliebenden, zugleich poly- und pantheistischen Naturspiritualität. Zugleich beanspruchen meine Ausführungen den Rang einer **universellen Wahrheit**. Wohlgemerkt nicht *der* universellen Wahrheit, aber eben einer, die es verdient, gelehrt zu werden!

## Nachträge für Einheitliche Kosmologie und Entwicklung

*"Der Uradler selbst, alle Fabelwesen, Tiere und Menschen sind die direkten Nachkommen Gottes."*

„*Ich wünsche, dass meine Kinder wissen, dass sie aus traditionsreichen Familien mächtiger Ahnen stammen. Seien es Puths, Nagels, Bauers, Hainzes, Fausers oder Heidrichs. In meinen Träumen sind sie alle eine einzige Sippe.*"

„*Ich wünsche mir, dass meine Kinder und ihre Nachkommen ihre Verbundenheit untereinander kennen und pflegen. Ich wünsche mir, dass ihnen ihre eurasische Herkunft bewusst ist und mit dieser ihre Verbundenheit mit allen Menschen und Wesen dieser Welt.*"

„*Es war meine Aufgabe, die Welt in diesem Sinne zu ordnen und Wünsche auszusprechen. Ich habe dies hiermit getan!*"

„*Keinerlei Verpflichtung für niemanden!*"


Thorsten Spinnenkind Nagel
Nidda, den 4. Oktober 2013
(Ergänzungen 5. Brachet 2015)
(Erneute Überarbeitung Hornung 2016)

## Übersicht der Draco-Veden

**01 DRACOVEDEN**

Erschienen im Mai 2012 bei lulu

*„Nach dem Tod meines angeliebten Urgroßvaters Ernst Pfeifer hatte ich Einsicht in seine Sachen und mir fiel u.a. folgendes Notizbuch zu, welches er mit DRACOVEDEN betitelt hatte..."*

Das von Ernst Pfeifer mithilfe seiner beiden Lehrer Draco II. und Thot verfasste Fragment, steht zu Beginn meines Schaffens und formte mich zeitlebens. Die daraus resultierende Gründung der DRACO-Stiftung widmet sich der Erforschung, Gestaltung sowie Verbreitung nördlicher Naturspiritualität.

**02 Die Lebensschule - Handbuch eines zeitgemäßen keltischen Schamanismus.**

Private Erstauflage September 2006; bei bod: Januar 2009; aktuell in seiner vierten Auflage

*"Wenn ich heute auch einzelne Sachverhalte anders beurteilen würde, blieb die Philosophie der Lebensschule doch prägnant für mein gesamtes weiteres Leben und Schaffen!"*

Standardwerk zum Thema Entwicklung in den vier personalen Rängen: Das Buch geht von einer universellen menschlichen Entwicklung in vier traditionellen „keltischen" Rängen aus und liefert zugleich eine Zusammenfassung (core-)schamanischer Methoden. Beides wird in der deutschsprachigen Literatur erstmals kombiniert.

**03 Ausbildung zum Krieger, Barden, Schamanen und Druiden.**

Erschienen im bod-Verlag. Juni 2010

*„Dieses Buch ist nicht perfekt, weil die Ausbildung nicht perfekt ist. Sie verläuft bei jedem anders und immer wieder aufs Neue! Andererseits wurde noch nie ein Buch geschrieben, welches die Inhalte naturspiritueller Ausbildung besser zusammenfasst!"*

Die wichtigsten Funktionen und Tätigkeitsbereiche der naturspirituellen Ränge und ihre Zertifizierung. Als systematische Ergänzung zur Lebensschule zu verstehen!

**04 33 Lebensgesetze und ihre praktische Anwendung.**

Erstmals erschienen im Februar 2011 im bod-Verlag; überarbeitete Zweitauflage im Juli 2011

*„Ein knackiges Kompendium aller Naturgesetze!"*

Wir haben es hier mit einer umfassend in fünf Ebenen gegliederte Perle zum Thema Lebensgesetze zu tun. Ein Appell an alle, sich von ihrer Liebe und Intuition leiten zu lassen und sich ihr eigenes Schicksal, ihre eigene Legende und Wirklichkeit, zu gestalten!

**05 Der Medizinradkrieger - Auf der Suche nach der Weltenformel.**

Erschienen Dezember 2012 im Einbuchverlag, Leipzig, unter dem Pseudonym T.C. Wilde. U.a. Lesung während der Leipziger Buchmesse 2013

*„Von fernen Galaxien kam dereinst Kunde von den Hütern der vier Richtungen im Laufe des Medizinrades. Jede Galaxie habe ihr eigenes Rad der Bestimmung, jedes Sonnensystem und jeder Planet, jeder Kontinent, jedes Land, jeder Mensch. Auch nicht das kleinste Atom sei hiervon ausgenommen."*

Ein spiritueller Fantasy-Reiseroman. Mein erster und - obwohl als Trilogie angelegt - bisher einziger Roman mit Außerirdischen, Drogen, Sex und Rock'n'Roll. Alte Schule eben!

## 06 Männer - Männlichkeit - Mannsein. Ein Leitpfaden zur Maskulinität.

Erschienen im Shaker-Verlag 2013

*„Nach 45 Jahren männlichen Daseins auf diesem Planeten war mir aufgefallen, dass ich nicht die geringste Ahnung davon hatte, was es heißt, Mann zu sein. Und zwar unabhängig von dem, was ich als Mensch oder Persönlichkeit darstellte. Diese Erkenntnis traf mich mitten in einer privaten Umstellung..."*

Ein Standardwerk zum Thema Männlichkeit. Was bedeutet es Mann zu sein? Was ist Maskulinität? 103 Betrachtungen auf 558 Seiten rund ums Thema. Wie immer in meinen Büchern mit einigen provokanten Thesen. Nur für Männer!

## 07 Männercoaching

Erschienen im Oktober 2013 bei lulu

*„Unsere Wurzeln sind friedfertig, tief und weise und können mit dem Lebensgefühl der Indianer sowie der Philosophie Indiens mithalten. Mehr noch, es sind unsere Wurzeln!*

Männercoaching oder Coaching von Männern für Männer sollte immer im Hinblick auf den Dreiklang von Naturspiritualität, persönlicher Entscheidungsfindung und männlicher Initiation verstanden werden. Entsprechende Übergangszeremonien sind von Bedeutung. Dem Männercoaching zugrunde liegt ein maskuliner Verhaltenskodex.

## 08 Neue Männlichkeit und Dominanz

Erschienen im Oktober 2013 bei lulu

*„Das Männerbild erfährt in der Zeit um 2013 einen tiefgreifenden Wandel. Einige traditionell männliche Eigenschaften bleiben bestehen und werden neu gedeutet, einige andere tauschen gänzlich mit dem ehemals weiblichen Pol dir Rolle."*

Neue Männlichkeit beschäftigt sich erneut mit maskuliner Spiritualität, den 30 Gesetzen von Freiheit und Dominanz, Alphatraining sowie ein gelingenden Beziehungsgestaltung.

## 09 Modernes Schamanentum - Schamanische Praxis

Erschienen im Oktober 2013 bei lulu.

*„Der heutige europäische Schamanismus muss sich nicht verstecken. Ganz im Gegenteil kombiniert er die überlieferten Methoden mit einem neuen globalen Bewusstsein!"*

Ein würdiges Standardwerk zum Thema gelebtes Schamanentum mit 142 Übungen basierend auf jahrzehntelanger schamanischer Erfahrung.

## 10 Drachenzornbuch

Aktuell in seiner zweiten Auflage vom Februar 2014 bei lulu

*"Manchmal betrachte ich die Erde mit den Augen eines Drachen. Und ich meine nicht die schamanische Intuition oder druidische Magie, sondern einfach und alleine authentische Drachenaugen..."*

Ein Werk so schräg wie sein Titel!

## 11 DRACO-Druidenbuch.

Erste Fassung im Juli 2013; zweite Fassung im September 2014. Aktuell in seiner dritten Fassung vom Mai 2015; erschienen bei lulu

*"Gelegentlich komme ich mir vor wie der Tom Bombadil unter den deutschsprachigen Druiden."*

Mein Beitrag zum Thema Druidentum, welcher die Tatsache akzeptiert, dass wir vom traditionellen europäischen Druidentum nur mehr unzureichendes Wissen besitzen. Das keltische Druidentum-an-sich entwickelte sich dennoch - flexibel assimilierend - bis zum heutigen Tag weiter. Das Buch kündet so von der Möglichkeit eines modernen druidischen Lebens! Das Feuer brennt noch immer! Ein Muss für alle Druiden der DRACO-Linie!

## 12 365 Tage Druide!

Erschienen im November 2014 bei lulu

„*Ein fulminantes Werk auf Augenhöhe mit Coelhos Lichtkrieger!*"

Ein ver-rücktes Kleinod zum Thema Druidentum im Jahreslauf.

## 13 Einheitliche Kosmologie und Geschichte der Menschheit

Aktuelle Fassung vom Dezember 2014 bei lulu

*„Von Atlantern, Aryanern und Anunnaki. Ein Abriss von der Entstehung der Erde bis heute."*

Ein zum Verständnis der gesamten Draco-Veden sehr wichtiges Buch! Es bietet eine chronologische und vor allen Dingen stringente Übersicht von der irdischen Evolution und Entstehung aller Arten bis heute - neben anerkannten Fakten also auch all jene Dinge, welche man uns wissentlich verschweigt oder unwissentlich vorenthält.

## 14 Die europäische Blaupause

Erstauflage im Dezember 2014 bei lulu

*"Wir suchen immer bei Indern und Indianern, doch die Wahrheit unserer Wurzeln liegt im Boden unter den eigenen Füßen, in den Pflanzen, Tieren, Steinen und Überlieferungen von Mutter Europa."*

Ein Standardwerk zum Thema europäische Spiritualität, von welchem unseres Erachtens viel Heilung ausgeht.

## 15 Landkarte der europäischen Seele

Text Juni 2014. Fertigstellung, Graphik und Druck Mai 2015. Erschienen bei lulu

„Auf der Suche nach dem europäischen Avatar!"

Ein wichtiges, stringentes Buch mit 44 Graphiken von wolf becker

## 16 Buch der Heilung

Nach langjähriger Arbeit erschienen im Mai 2015 bei lulu

„Glückseligkeit ist Wunschlosigkeit. Wunschlosigkeit ist Glück. Dies ist jene Freiheit, die uns heil macht!"

Das Buch basiert auf der Erfahrung eigener Heilung und Heilseins. Es behandelt das Heilungsthema aus einer entsprechend ganzheitlichen, persönlichen Perspektive.

## 17 Naturspirituelles Manifest

Erschienen im Januar 2015 bei lulu

"Habe Gewissheit, auch in den dunklen Wintern Babylons: Das LICHT siegt immer! SAPO - die **S**pirituelle **A**narchie **P**azifistisch **O**rganisiert - ist bereits in und mitten unter uns!"

Eine gereifte Zusammenfassung naturspirituellen Denkens der DRACO-Drachenlinie

**18 Götter im Kessel**

Erstausgabe im Mai 2015 bei lulu; vorliegende Zweitausgabe im August 2017

*„Wie es dazu gekommen ist, dass ich Druide bin? Klassische gesehen gibt es hierfür drei Kriterien: die druidische Herkunft, die Ernennung durch einen anderen Druiden sowie die Weihe durch die Götter. Alle drei müssen erfüllt sein."*

Ein persönliches Interview zwischen Elena und Druide Spinnenkind

**19 Spinnenkinds Vermächtnis**

Erschienen im Januar 2015 bei lulu

*„Drachen und Reptiloide haben den gleichen Ursprung, sind aber komplett geschiedenen Geistes. Um es auf den Punkt zu bringen: Drachen geht es um Freiheit; Reptiloiden um Unterwerfung und Ausbeute."*

Entscheide der Allgeist selbst darüber, wann das Zeitalter des druidischen Regenbogens, der neuen Drachenschüler, der naturspirituellen Ränge, sprich des wahren Menschens beginnen möge! Im Teil 2 des Buchst geht es um die Heilung mithilfe eines in die vier Himmelsrichtungen erweiterten "druidischen" Medizinrads.

**20 Menschenzauber**

Erschienen im bod-Verlag.

Eine märchenhafte Einführung in die schamanische Arbeit verfasst mit Herz und Liebe; ein wundervolles Buch meiner Anima Katja Fauser-Nagel


**Wir wünschen allen unseren Leserinnen und Lesern viel Spaß und Erkenntnis auf ihrem ganz persönlichen Weg der Heilung, Entwicklung und Vielfalt!**

www.ingramcontent.com/pod-product-compliance
Lightning Source LLC
Chambersburg PA
CBHW070231180526
45158CB00001BA/366